LONDRES

LE CANADA, LES ÉTATS-UNIS

SOUVENIRS DE VOYAGE

Jardin et Palais de Kensington (page 26).

LONDRES

LE CANADA, LES ÉTATS-UNIS

SOUVENIRS DE VOYAGE

DES BORDS DE LA SOMME AUX BORDS DU SAINT-LAURENT

PAR

L'ABBÉ MACQUET

MISSIONNAIRE APOSTOLIQUE

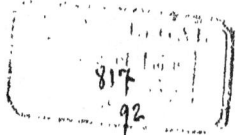

TOURS

ALFRED CATTIER, ÉDITEUR

—

1893

LONDRES
LE CANADA, LES ÉTATS-UNIS

PREMIÈRE PARTIE

CHAPITRE PREMIER

LES ADIEUX. — SAINT-RIQUIER. — ABBEVILLE. —
BOULOGNE. — LA TRAVERSÉE. — FOLKESTONE

La Providence a parlé ; elle me veut au Canada. Eh
bien ! je partirai ; je passerai de 45 degrés de chaleur à
30 degrés de froid. Je pourrai parler alors des températures extrêmes, et savoir celle que ma santé supportera le
mieux. Le temps pressait, car c'était la bonne saison pour
le départ. Alors je réglai mes affaires, et je fis mes malles
comme pour ne plus revenir. Ma patrie, à cette époque
malheureuse, était terrorisée par la Commune, j'éprouvais une peine cruelle à la vue de mon pays devenu la
proie des factions. Je fuyais ses discordes civiles, pour
aller offrir mon ministère à l'une de ses filles, qu'étreignait le typhus. Le jour du départ arrivé, il me fallut
de nouveau rompre les liens de famille et du sol natal.

Ma vieille mère, nonagénaire, s'attachait à moi comme
Andromaque à son fils. Bonne chrétienne, elle comprenait
mon sacrifice, mais son indécision était grande : Tu ne
m'as donc pas assez coûté de larmes ? Tu veux donc hâter
mon trépas ? Tu ne seras pas là pour me fermer les yeux !

Saisissant alors mes petites nièces et mon neveu, je lui dis : « O mère, voyez ces petits anges, bénissez-les, élevez-les comme vous m'avez élevé ; nous nous retrouverons tous au ciel, nous formerons votre couronne ! Que vous serez glorieuse, alors, ô mère ! Allons ! bénissez-moi ! Au revoir ! oui, au revoir même sur cette terre ! car j'ai comme un pressentiment que je vous reverrai encore : Dieu est si bon pour les mères qui donnent leurs fils à l'Église ! Il leur accorde souvent une longue vie ; laissez-moi aller gagner des frères à Jésus-Christ, ils seront aussi vos fils. » Elle se jeta à mes pieds avec ses enfants et ses petits-enfants. Je les bénis tous, je les arrosai de mes larmes. Tous ceux qui m'avaient reçu, il y a quelques mois, avec tant de joie, m'entouraient tristes et silencieux ; j'allai vers eux, j'eus pour chacun une bonne parole. Je montai précipitamment en voiture pour me dérober à tant d'affections.

En quittant mon village, je m'attachais à en fixer chaque endroit dans mon esprit, afin d'évoquer ces souvenirs lorsque je serais sur la terre étrangère. Oui, voilà bien l'aspect de mon pays : une flèche qui s'allonge en pente ; à droite, un petit coteau, théâtre de mes ébats d'enfance, court vers le nord et divise le terroir en deux parties égales ; au bas du coteau, ce sont des terres, que j'ai souvent foulées aux pieds.

Voyez-vous ces deux jolies maisons, à l'entrée de Saint-Riquier, c'est la demeure du nouveau *Dieu Pan*. Ces deux constructions sont vraiment les plus élégantes et les plus luxueuses du bourg. Où s'arrêtera donc le progrès moderne. Comme mes yeux se reposaient de préférence sur son imposante basilique, protégée par une muraille de 2 mètres d'épaisseur ; construite depuis des siècles, sa verte vieillesse assistera peut-être encore à la ruine de ces jeunes constructions.

J'allai saluer mon supérieur, et lui demander sa bénédiction : ce ne fut pas sans larmes ; je priai dans cette église, où je fis ma première communion, me rappelant toujours ce vénérable supérieur qui m'apparut alors comme un pontife, escorté de tous les saints de l'abbaye dont les ossements, renfermés dans de brillantes châsses, forment comme la couronne du sanctuaire. Aussi je me relevai tout consolé et enflammé d'un nouveau zèle apostolique ; Riquier et Angilbert m'avaient obtenu des grâces spéciales. Je revins à ma voiture ; je jetai un dernier coup d'œil vers la porte de l'étoile du jour, je saluai l'ombre de mon oncle, je regardai l'heure au beffroi, et je poursuivis ma route.

Je ne traversai point la petite rivière du Scardon sans émotion, car je me rappelais avoir franchi, à dix-huit ans, sa largeur, qui mesure 18 pieds. J'accomplis cette prouesse, à quelques pas de la belle et limpide fontaine de *Mise-en-Deuil*, nom qui rappelle sans doute quelques hauts faits d'armes de preux chevaliers des alentours. Je me plaisais au souvenir de la légende des jeunes veuves qui accouraient sur les bords de cette fontaine pour mêler leurs larmes à ses eaux. A quelques pas, j'aperçois la ferme de Drugy, où Jeanne d'Arc fut enfermée lorsqu'elle fut conduite d'Arras au Crotoy ; on y voit encore les restes du château, bâtiment en forme de chapelle, où elle fut emprisonnée. La propriétaire fit faire des fouilles qui amenèrent la découverte d'armes et de nombreux ossements. Aujourd'hui, en face de cette métairie, s'élève une gare de chemin de fer qui relie Béthune à Abbeville. Là où retentirent, pendant des siècles, les chants des moines et les accents de la prière, se font entendre, à toute heure, les sifflements de la vapeur et le bruit des machines.

En gravissant la colline, l'horizon se développe ; nous dominons la petite vallée du Scardon ; notre œil plonge dans un fouillis d'arbres, qui laissent à peine apercevoir un toit ; les deux pentes de la vallée offrent de riches et riantes cultures, dont les propriétés sont séparées par de vigoureux pommiers. Jamais ces coteaux ne sont déserts : de blancs troupeaux de brebis bêlent ou sommeillent sous leurs ombrages en attendant le réveil de leur indolent pasteur. Là de robustes moissonneurs brandissent, en cadence, leurs faux bien effilées et rasent toute la plaine, accompagnant leur travail de chants rustiques ; plus loin, des jeunes filles font la cueillette des légumes et des fruits ; la vieille mère en charge maître Aliboron, qu'elle dirige vers la ville, et le soir elle revient toute joyeuse, la bourse bien garnie.

Nous entrons dans le bois de Saint-Riquier : c'est tout ce qui reste, sans doute, de cette épaisse forêt qui couvrait tous les coteaux d'alentour ; et c'est au centre de tous ces grands arbres que Riquier a dressé sa tente ; c'est lui, sans doute, qui a donné le premier coup de hache dans ces vastes solitudes. Ses disciples ont continué son

œuvre, et nos pères ont pu contempler les cent tours qui
faisaient sentinelles devant l'abbaye. Encore quelques
années, et il ne restera peut-être plus un arbre de la
forêt, car j'ai vu moi-même tomber sous la hache la plus
grande partie de ce bois ; ce qu'il en reste appartient à
un riche propriétaire qui vient d'y construire un gentil
castel, j'espère qu'il léguera à la postérité ce dernier souvenir du temps passé.

A la sortie du bois, notre regard plane sur les fertiles plaines du Vimeu-Vauchelles, dont l'élégante
église, le château fraîchement restauré occupent le premier plan ; un peu plus loin, le grand arbre de Monflières
nous montre sa tête vénérable, il n'ombrage plus qu'à
demi la chapelle vénérée ; les dix moulins de la cité
abbevilloise livrent leurs ailes au vent qui les fait tourner à toute volée. L'air est pur, mais la vapeur que
vomissent les locomotives nous annonce la cité du Ponthieu ; nous ne la voyons pas encore, mais nous apercevons au loin les monts de Caubert qui montrent leurs
flancs blancs et déchirés, et lui servent de couronnement :
c'est la première enceinte de la ville ; mais, si l'ennemi
venait à s'en emparer et à placer ses batteries dans le
camp de César, la place ne tarderait pas à capituler. Tout
à fait au nord, les monts de la Justice regardent en face
ceux de Caubert, et semblent s'être séparés pour laisser un
libre passage à la Somme. Au pied de la Justice, le clocher
de la chapelle dessine sa blanche silhouette sur l'azur du
ciel ; sur le coteau à droite, s'étend le champ où dorment
les générations passées, et l'on aperçoit sur les collines,

des routes royales qui serpentent, escortées d'arbres magnifiques.

Enfin voici la ville, avec ses fossés, ses redoutes, ses bastions, ses murailles, ses remparts, ses ponts-levis, ses chaînes, ses portes et ses barrières ; l'homme de guerre vous attend, sabre au poing. Tout cela parle haut, mais en réalité tout cela est maintenant bien inutile. Avec l'artillerie actuelle, quelle est la place forte qui résisterait? si on ne peut la prendre, on l'affame. Aussi la plupart de nos places sont-elles déclassées et démantelées. Abbeville est de ce nombre; sa première enceinte est déjà tombée sous la sape; ses fossés se comblent ; ses ponts-levis et ses portes sont abattus ; ses terrains militaires sont vendus ou transformés en squares ou en promenades ; d'élégantes villas s'élèvent sur les nivellements: bientôt Abbeville n'aura plus d'autre cachet militaire que ses casernes.

Cependant le passé de cette cité est trop glorieux pour n'y pas revenir. Comme toutes les villes, son commencement a été bien humble. Elle ne fut d'abord qu'une ferme de l'abbé de Saint-Riquier, *Abbatis villa*. Jugez de son antiquité: sous Hugues Capet, elle avait déjà une première enceinte qui la mettait à l'abri des maraudeurs et des partisans ; puis les abbés de Saint-Riquier, qui avaient déjà d'immenses domaines, avaient sans doute groupé sur ce point leurs principaux tenanciers. Aussi ce fut à Abbeville que les troupes du duc de Normandie, des comtes de Flandre et de Boulogne se réunirent, en 1096, avant leur départ pour la première croisade.

Devenue capitale du Ponthieu, elle vit encore partir la seconde croisade. Par le mariage d'Éléonore de Castille avec Edouard Ier, elle passa aux Anglais. Isabelle, femme d'Edouard II, l'habita. Passant successivement des Français aux Anglais, voire même au duc de Bourgogne, Abbeville posséda souvent dans ses murs les rois de France.

Elle reçut brillamment Charles VIII; Louis XII y épousa Marie d'Angleterre; François Ier et Wolsey y signèrent une ligue offensive et défensive contre Charles-Quint. On montre encore, dans la rue de la Tannerie, la maison où logea François Ier. Henri II la visita aussi, puis Henri IV et Louis XIII qui, le 15 août 1637, voua le royaume de France à la sainte Vierge; cette cérémonie eut lieu dans la chapelle des Minimes, aujourd'hui la maison mère des Augustines. Abbeville a vu naître saint Bernard, compagnon de Robert d'Arbrisset; Jean d'Halgrin, plus connu sous le nom de Jean d'Abbeville, archevêque de Besançon et cardinal-évêque de Sabine; le géographe Samson; plusieurs graveurs célèbres, entre autres : de Poilly, Daullé, Macret, Hubert Beauvarlet, Dauzel, Levasseur, Mellan et Aliamet; le poète Millevoye et de Pongerville; enfin le compositeur Lesueur, dont la statue s'élève sur la place Saint-Pierre.

Abbeville ne possède aucun monument civil. La collégiale de Saint-Vulfran seule donne quelque physionomie à la ville. Cet édifice, commencé en 1488, interrompu en 1539, et repris au XVIIe siècle, demeura toujours incomplet. La façade, si elle était restaurée, serait splendide : c'est une dentelle de la base au sommet. Trois portails parfaitement décorés, autrefois peuplés de statues et surmontés de pignons évidés, sont couronnés d'une galerie à jour et d'un étage percé, au-dessus de l'entrée principale, d'une grande fenêtre à meneaux nombreux, supportant une rose. Plus haut, on voit une seconde galerie et enfin le pignon terminal décoré de trois statues colossales : la sainte Vierge, saint Vulfran, saint Nicolas, et des ornements à jour soutenant la croix. Les deux tours, percées de longues fenêtres doubles, s'élèvent encore d'un étage et se terminent par une plate-forme, garnie d'une balustrade à jour, dont la hauteur, au-dessus du sol, est de 53 mètres. Les angles de ces tours, qui regardent le pignon, sont flanqués de tourelles ; une autre tourelle, qui renferme l'escalier et prend naissance au niveau de la première galerie de la tour du sud, en masque une partie, et nuit à l'élégance de la façade. Remarquez ce lion colossal, revêtu d'un manteau fleurdelisé ; les lis représentent la France, le lion, l'Angleterre ; voilà le symbole de l'union des deux nations, par le mariage de Louis XII avec Marie d'Angleterre. Les ventaux de la porte représentent la vie de la Vierge ; ils sont de 1550 et dus à la munificence de Gilles Amou- rette, comme en témoignent les devises suivantes : *Vierge aux humains la porte d'amour ette estes in virtute labor*, 1550. Faites le tour de cette belle nef restaurée, et vous admirerez ces arcs-boutants, ces contreforts élé- gants, ces deux galeries avec leurs balustrades à jour, l'une serpentant au-dessous des voûtes des chapelles, l'autre à la base du grand comble ; puis règne encore un faîtage également à jour. Peut-on voir quelque chose de mieux festonné et de plus finement découpé que ces pignons qui coiffent les fenêtres des chapelles. Et cette élégante tourelle de Saint-Firmin, qui s'élève si gracieusement parée et si coquettement couronnée de son jol. chaperon, ne semble-t-elle pas vous dire : Je suis la reine de ce monument.

Mon séjour à Abbeville fut de courte durée ; cependant je ne pouvais partir sans offrir mes hommages et faire mes adieux à M. l'abbé Michel. Il me fit l'honneur de me faire asseoir à sa table, en compagnie de M⁵ʳ Baron, qui partait pour le Congo. Je franchis la Somme sur un pont tournant, laissant à ma gauche le beau canal de navigation maritime qui met Abbeville en communication avec le port de Saint-Valéry. J'aperçois alors une jolie colline couronnée de bois, c'est la ferme de Tofflet, près de laquelle on retrouve les vestiges d'une forteresse du xiᵉ siècle. Du Tofflet on découvre Saint-Valéry et le Crotoy. Du haut de la colline, la vue s'étend même sur la pointe du Hourdel, la mer, toute la baie de Somme et l'estacade du chemin de fer de Saint-Valéry. On remarque ensuite, sur la gauche, l'avant-dernière digue construite en travers du lit de la Somme et les bois de Gouy : de ce côté, c'est le point le plus élevé et le plus pittoresque.

Près de Port-le-Grand, à droite, se trouve quatre tombelles gauloises, dont l'une porte le nom de *Martimont*, *Martis mons*. Les fortes marées montent encore jusqu'à Port, où elles sont arrêtées par une digue. A 1,800 mètres en aval de Port, se trouve l'emplacement du gué de

Blanquetaque, ainsi nommé de la couleur de la falaise que longe le chemin de fer. C'est là que les Anglais, conduits par le traître Gobin-Agache, varlet de Mons en Vimeu, traversèrent la Somme avant la bataille de Crécy, malgré la bravoure de l'armée française qui défendait ce passage.

Laissant l'embranchement de Saint-Valéry à gauche, nous entrons dans la plaine du Marquenterre, où les champs cultivés sont entremêlés de pâturages et de marais. Le Marquenterre, dont la surface est d'environ 20,000 hectares et qui occupe tout l'espace compris entre les embouchures de la Somme et de l'Authie, devait autrefois être, en grande partie, couvert par les eaux. Il n'y a pas plus de deux siècles que la Somme, l'Authie, la Maie s'épanchaient sur cette grande surface, et que les marées d'équinoxe en couvraient périodiquement les parties basses ; c'est à l'aide de système d'endiguement curieux à étudier, que l'on est parvenu à rendre ces immenses terrains à la culture. Au sommet de ces collines, à droite, se déroule la lisière de la forêt de Crécy.

Après avoir franchi la Maie, principale artère de dessèchement du Marquenterre, nous arrivons à Rue, ville autrefois très importante, à cause de sa situation sur la mer qui venait battre ses remparts en remontant l'Authie et la Maie. Les ensablements ont fait subir à l'embouchure de ces deux rivières des modifications telles que Rue se trouve aujourd'hui à 6 kilomètres de l'Authie ; la Maie y passe toujours, mais elle n'y ressent plus l'influence des marées. Rue avait alors une citadelle et des remparts, qui en faisaient une forteresse citée encore, au xvi° siècle, parmi les plus redoutables de la France. Aussi fut-elle souvent disputée aux Français par les Anglais. Pendant tout le moyen âge, elle passa constamment des uns aux autres. La destruction de ses fortifications imposée à Richelieu comme condition du traité d'Aix-la-Chapelle eut lieu en 1668.

Passant du département de la Somme dans celui du Pas-de-Calais, je donne moins d'attention aux lieux que nous traversons. Qu'il me suffise de nommer Verton-Montreuil, Étaples et Pont-de-Brique. Je suis tout entier à mon voisin, charmant Irlandais, protestant de naissance, mais catholique de cœur, admirateur enthousiaste de nos cérémonies religieuses, dont il parlait avec respect et vénération. La conversation était si animée que nous arrivâmes à Boulogne plus rapidement que nous ne le supposions.

C'est une ville dont le premier aspect vous séduit ; devant vous, sur une longue et riante colline, s'étagent toutes les splendides maisons de la ville avec de riches hôtels, qui rivalisent de luxe et de confortable. Au centre vous apercevez les flèches de toutes les églises : Saint-Pierre, paroisse des marins ; Saint-Nicolas, quartier du haut commerce ; Brecquerecque, l'un des faubourgs les plus pittoresques de la ville, entouré de verdoyants coteaux. Les tours, les remparts, le dôme gigantesque qui domine toute la ville : c'est la vieille cité ; à votre extrême gauche, par dessus tous ces mâts, toutes ces cheminées à vapeur, à travers toutes ces vergues, voyez ce beau monument, qui semble flotter sur les grandes eaux ; c'est le magnifique établissement des bains. Il est assis au milieu d'un parc ravissant, entre la jetée et les bâtiments de la douane ; en face de lui, la *Liane* s'engouffre dans la Manche, et au large on suit de l'œil les steam-boat qui jettent la vapeur à tous les vents ; la blanche et timide voile du pêcheur qui s'arrondit et folâtre au-dessus des flots. A droite, la *Liane* descend lentement, baigne les coteaux de *Brecquerecque* et s'arrête pour former un bassin, en forme de lac, dont les eaux croupissantes laissent parfois échapper une odeur fétide. De l'autre côté, c'est le faubourg de *Capécure*, avec son bassin à flots, ses vastes ateliers de contruction pour le chemin de fer, et ses nombreuses usines. Toute cette cité ouvrière est comme emprisonnée par la rivière et par les coteaux qui se terminent brusquement en falaises.

Je sentais que je m'éloignais déjà de la France ; que j'avais déjà un pied sur la terre étrangère : tout changeait de physionomie, les hommes et les choses. Les enseignes des maisons sont tantôt en anglais tantôt en français. Notre langue si douce, si harmonieuse, subit déjà le voisinage de la rudesse de l'accent britannique.

Je parcourus les quais, jusqu'aux bains publics ; la foule circulait en cet endroit, et me rappelait nos grandes villes maritimes, quoique Boulogne soit à la fois une ville de commerce et une ville de bains. Son commerce est tout *fashionable ;* c'est à qui de Paris ou de Londres expédiera les produits les plus riches et les plus fine-ment travaillés. Les quais sont encombrés de colis, on

se fraye un passage avec peine pour le départ des
paquebots; aussi la Manche offre-t-elle un splendide
coup d'œil! Qu'ils sont beaux, au large, ces navires
sous toutes leurs voiles et courant des bordées! Ces
steamers, qui fendent les flots, comme des tritons, et
vous apparaissent, de loin, comme de lugubres fantômes, vomissant une noire vapeur! Et ces petites
barques bercées par les flots et semblant dormir, pendant que d'actifs pêcheurs les remplissent de poissons!
Cette immense plage, où courent et se croisent des voitures remplies de baigneurs! Ces cavaliers et ces ama-
zones qui caracolent sur le sable! Tous ces touristes aux
costumes si variés! Et cette innombrable fourmilière de
jeunes enfants et de bébés, qui se roulent dans le sable!
Ces vigoureux marins, avec leurs vareuses jaunâtres
et leurs tricornes rabattus sur les épaules, et pour couronner ce tableau, une mer sombre et verdâtre toujours
en mouvement et se prêtant à tout.

De la plage j'escalade aussitôt le quartier des marins;
des sentiers à pics et taillés dans le roc ne me font pas
peur; je les gravis avec une certaine aisance, me rappelant mes ascensions dans les montagnes du Bernica. Je
me demande cependant si ces huttes juchées sur des
pointes de rochers sont bien des maisons. Çà et là, de
longues perches, qui sortent des fenêtres et laissent
pendre au-dessus de vos têtes de noirs filets; des paniers
d'osiers, qui encombrent les ruelles étroites; des har-
pons suspendus aux murailles, des vareuses qui s'égout-
tent et sèchent au soleil; de vieux et impotents marins,

assis sur le pas de leur porte et parlant un *argo* compré-
hensible pour eux seuls ; et ces femmes à demi vêtues
raccommodant les vêtements de leurs maris ou de leurs
petits mousses ! Ici les joyeuses chansons ; là, les san-
glots et les pleurs pour ceux qui ne sont plus ; plus loin,
la prière pour les absents ! Quel contraste offre cette
population avec celle de la plage ! Ici des corps durs,
comme les rochers qu'ils habitent ; là, des corps mous
et mobiles comme le sable qu'ils foulent ! Ici, des caractères sérieux et pensifs ; là, des caractères légers et
irréfléchis. Ici, des hommes naturellement religieux et
portés à la prière ; là, des hommes indifférents à tout,
excepté aux jouissances de la vie. Aussi je fus étonné
de trouver une des plus belles églises de la ville dans
un quartier si déshérité. Construite dans le style ogival
du xive siècle, une belle tour carrée l'embellit, domine
le port et tout le quartier des marins, semblant dire à tous
ses visiteurs : « Voyez comme m'a parée la foi de mes
pauvres pêcheurs ! » C'est grâce aussi au dévouement du
vénéré pasteur, l'abbé Sergent, que de telles merveilles
ont été accomplies. Tous ces bons marins se groupent autour de lui, et chaque année, l'on voit descendre sur
la plage le pasteur et les ouailles. Il bénit solennellement
la mer avant le commencement de la pêche, entouré de
ces fiers et rudes marins, la tête nue et la bannière
flottante. Quel imposant spectacle !

Je redescendis dans la basse ville que je parcourus
dans toute son étendue ; les rues sont bien percées et
fort élégantes. Je commençai alors mon ascension vers

la haute ville appelée la Cité. Voici le musée et la bibliothèque ; je m'incline devant le sanctuaire de la science,
et j'arrive enfin devant la *Porte des Dunes;* je tourne le
dos aux *Teintelleries* laissant à gauche le champ de
foire ; je m'engage sous cette porte lourde et massive ; me
voilà dans la haute ville. Celle-ci est circonscrite dans
une enceinte resserrée de murailles, qui forme un quadrilatère à peu près régulier, 400 mètres de longueur
sur 325 mètres de largeur. L'angle nord-est est occupé
par le château ; de distance en distance, s'élèvent des tours
rondes d'une hauteur de 17 mètres. Chaque angle de ce
quadrilatère était défendu par d'énormes tours et par
des ouvrages avancées, que Louvois fit démolir. A l'intérieur, les remparts offrent une délicieuse promenade
sous de beaux et grands arbres. De ce point l'on jouit
d'un magnifique coup d'œil : la basse ville est à vos pieds,
l'œil se repose sur les verdoyants coteaux de *Brecquerecque* et sur les falaises de *Capécure.* En se promenant
sur la Manche, par un beau soleil, il est facile d'apercevoir les falaises et le château de Douvres. Les Boulonnais ne mettaient pas seulement leur confiance dans les
tours et les remparts de leur ville, mais surtout dans la
Vierge mère. Son image est placée au-dessus de la
Porte des Dunes et de la porte Neuve, comme une sentinelle avancée ; ici, elle s'appelle *Patrona nostra singularis ;* là, *urbis et orbis honor et domina.*

Aussi, grâce à son admirable position, le port de la
Gessoriacum primitive et de la *Bononia* du IVᵉ siècle fut
le plus renommé de la Gaule occidentale et le point

d'embarquement pour la Bretagne. Plusieurs savants veulent même que Boulogne soit le *Portus Itius* des *Commentaires* de César.

Du reste, ce port fut fréquemment visité par les empereurs romains. C'est *Caligula* qui y fait élever un phare et la tour d'Odres ; c'est *Claude* qui s'y embarque et y laisse un arc de triomphe ; c'est *Adrien* qui y construit plusieurs monuments ; *Caransius* en fit la capitale de son empire ; *Constantin* y séjourna. Après le régime impérial, Boulogne eut ses comtes ; l'un deux fut, dit-on, le père de *Théodose le Grand*. En 449, elle résista à *Attila*, mais elle fut conquise par les Francs, sous Clovis. Le Boulonnais et le Ponthieu formèrent, sous la première et la deuxième race, la France maritime gouvernée par des comtes ou des ducs amovibles. C'est au vii° siècle que l'image de Notre-Dame aborda sur une barque désemparée. Après avoir appartenu aux maisons de Champagne, d'Alsace, de Dammartin et d'Auvergne, le Boulonnais fut réuni à la couronne par Louis XI. Ses successeurs se reconnurent vassaux de Notre-Dame-de-Boulogne. Henri VIII assiégea Boulogne avec trente mille hommes, la dévasta et la peupla d'Anglais ; mais la peste se chargea de les exterminer. Enfin l'Angleterre la remit à la France pour 400,000 écus. A dater de cette époque Boulogne défendit toujours vaillamment ses côtes. En 1801, Bonaparte, alors premier consul, voulant tenter une descente en Angleterre, choisit Boulogne comme point stratégique. Qui ne se souvient de ce fameux camp d'Ambleteuse, de la flottille de débarquement du vice-

amiral Bruix, des gigantesques travaux du port, du bassin à flots, des batteries, des forts et des établissements
militaires pour protéger la ville. Napoléon vint trois fois
visiter le camp de Boulogne ; le 16 août, 1804, il y fit
la seconde distribution des décorations de la Légion
d'honneur. La défaite de Trafalgar et une nouvelle coalition de l'Autriche et de la Russie obligèrent l'empereur
à lever le camp, en 1807. Boulogne eut encore l'honneur
de donner naissance à *Godefroy de Bouillon*, à son frère
Baudoin, au *P. Lequien*, dominicain fort érudit ; au lit-
térateur *Leuliette*, à l'oratorien *Dannon*, à *Sainte-Beuve*,
aux trois peintres *Delacroix* et aux deux *Coquelin*.

Le quadrilatère renferme encore un assez beau
monument, j'ai nommé Notre-Dame , œuvre du vénéré
Mgr Haffreingue, édifice du style gréco-romain, laissant
cependant beaucoup à désirer sous le rapport des proportions et du bon goût. La coupole est surmontée d'une
lanterne à jour qui renferme une statue colossale de la
Vierge Immaculée ; la croix qui domine la lanterne
atteint 200 mètres au-dessus du niveau de la mer.

Je revins à mon hôtel, fatigué de mes courses ; aussi
je dormais profondément lorsque je fus réveillé par la
voix rauque du garçon qui me criait : Monsieur, il est
deux heures, et le bateau part à trois. Je m'habillai rapi-
ment, et à deux heures et demie j'étais à bord du paquebot qui devait me déposer sur la terre d'Angleterre. En
me promenant sur le pont du navire, quelle agréable surprise ! J'aperçois au milieu de cette masse d'étrangers
un ancien camarade de collège ; nous faisons vite con-

naissance en parlant de l'objet de notre voyage et de notre mutuel embarras, car nous ignorions la langue anglaise ; mais nous comptions sur la Providence qui n'abandonne jamais celui qui met sa confiance en Elle.

Déjà nous glissons sur une mer polie comme une glace ; on se croirait dans un salon, tellement la mer est calme. Les côtes de France s'éloignent ; peu à peu elles s'abaissent et semblent vous donner un dernier salut, en plongeant sous la vague et reparaissant aussitôt pour disparaître. Je tournai alors mes regards du côté opposé, et je vis se dresser devant moi cette barrière grave et sévère que, depuis Guillaume de Normandie, le pied de nos marins n'a pas encore franchie ; les fils d'Albion peuvent être fiers de leurs frontières, ce sont les plus belles côtes maritimes que je connaisse en Europe.

Deux heures après mon départ de Boulogne je posais le pied sur la terre d'Angleterre. Je ne vous parlerai pas de la petite ville de *Folkestone*, elle n'est, en ce moment, qu'un point d'atterrissement ; mais, dans quelques années, elle deviendra une grande et belle ville. Il y a cinq ans, qui aurait pu croire à un port dans ces parages !

Je sors de la douane anglaise, traînant avec moi mes deux petites malles en fer-blanc, ayant eu la précaution de laisser mes gros bagages à Boulogne ; sans cela j'aurais eu des droits énormes, 300 francs environ, pour mes livres. Je les fis venir à Londres en transit pour le Canada, de cette manière ils ne furent pas ouverts et frappés d'aucun droit. Je me hâtai de déjeuner pour quitter au plus vite cette petite ville.

Le cercle des maisons se resserre autour des champs que traverse la voie ferrée. Nous arrivons à Londres, dont les faubourgs se prolongent à l'infini vers le sud et l'est. Le chemin de fer traverse les rues sur de grands viaducs. L'atmosphère est saturée de fumée de charbon fournie par les nombreuses usines de la capitale ; le tumulte augmente. Nous voyons à droite et à gauche sur les voies de service d'interminables files de wagons, de trucks, de locomotives, de tenders. Après avoir dépassé l'ancienne gare de *London-Bridge*, et laissé à droite l'embranchement de *Cannon-Street*, nous franchissons la Tamise, entre le pont de *Waterloo* et le pont de *Westminster*, et nous arrivons enfin à la station de *Charing-Cross*.

CHAPITRE II

UN MOIS A LONDRES

Me voilà donc dans l'immense et riche capitale de l'Angleterre ; je m'empare rapidement de mes petits bagages, je hêle un flacre, et je me fais conduire chez de bons et excellents amis, qui me reçurent avec la plus grande cordialité. Le lendemain, à ma première sortie, j'admirais avec un véritable étonnement ces larges rues, ces trottoirs sablés où dix personnes peuvent marcher

de front, des rues longues de 17 kilomètres, non pavées,
très propres et semées de graviers macadamisés, sillonnées par des milliers d'aqueducs, qui apportent l'eau aux
plus petites maisons, des rues où se pressent chaque jour
trois ou quatre millions d'hommes ; où le trottoir de
l'aristocratie n'est pas celui du peuple. Je marchais
toujours, mais, ne voyant pas de terme, je pris une voiture pour reconnaître les différents quartiers de la ville
et avoir une vue d'ensemble.

Je m'engageai donc dans la grande artère centrale
qui traverse Londres d'une extrémité à l'autre. Elle commence à *Norland-town* à l'ouest de la Métropole; limite,
au nord, sous le nom d'*Uxbridge-road*, les jardins de
Kensington et de *Hyde-Park*, entre dans Londres proprement dit, près de l'Arche-Triomphale et forme la
large rue d'*Oxford-street* parfaitement droite et d'une
longueur de plus de 2 kilomètres ; puis elle se confond avec *Holborn*, rue longue d'un mille. Après avoir
franchi, sur le nouveau viaduc d'Holbornn, la profonde
vallée de la *fleet*, qui sépare Londres en deux parties,
la grande artère longitudinale, appelée ici *Skinnir-street*,
puis *Newgate-street*, s'élargit tout à coup, non loin de
la cathédrale Saint-Paul, pour former *Cheapside*, la rue
la plus fréquentée de la Métropole ; celle-ci se continue,
en droite ligne, par la rue de *Poultry*, passe à côté de
la Banque, de la Bourse, de Mansion-house, et, faisant
une légère déviation vers la gauche, elle prend successivement divers autres noms pour se prolonger au loin
dans les campagnes, jusqu'au-delà des frontières du

comté de *Middlesex*. Une autre rue parallèle vient se déverser dans la grande artère centrale de *Cheapside*.

Ces deux grandes artères sont le trait le plus important de la topographie de Londres.

Je mentionnerai cependant une troisième voie, encore parallèle, de formation nouvelle, *Vittoria-street*, puis une quatrième ligne de rues, qu'on pourrait appeler les boulevards de Londres ; celle-ci décrit un immense arc de cercle au nord des deux artères longitudinales, et prend aussi différents noms.

Les principales artères du sud au nord sont : 1° la grande ligne qui part du port de Londres ; 2° la voie qui part du pont de *Blackfriars*, longe la vallée de la *Fleet*, et débouche sur la grande artère septentrionale ; 3° une ligne très importante, qui part du palais du Parlement, se dirige droit au nord jusqu'à *Camdem-Town*, et se prolonge vers le nord-ouest, bien au-delà de *Hampstead* ; 4° *Regent-street*, la rue la plus fashionable de Londres ; 5° la grande rue d'*Egware-road*, longue de 7 kilomètres, qui se dirige vers le nord-ouest d'*Oxford-street* au *Lac de Brent*.

Les trois centres du croisement les plus importants dans ce réseau sont : *Cornhill*, au milieu de la Cité ; *Charing-Cross*, entre la ville commerçante et la ville aristocratique ; *Eléphant and Castle*, au milieu géométrique de *Southwark*, la partie méridionale de Londres... Toutes les rues de cette ville mises à la suite donneraient une longueur de 6,164 kilomètres, c'est-à-dire l'étendue d'Edimbourg à l'équateur.

J'ajouterai que la première impression que Londres fait sur les étrangers est généralement triste. Cette ville immmense vous apparaît comme étouffée sous un nuage, noir ou gris suivant la saison ; ce nuage pénètre partout et souille pendant la promenade les habits et le visage des promeneurs, pendant le mois de novembre le brouillard est tellement épais qu'il envahit la ville au point d'y produire souvent l'obscurité en plein jour.

Maintenant que je connais les principales artères de la grande ville, je veux faire une étude des différents quartiers ; ils sont au nombre de quatre : 1° la *Cité;* 2° l'*East-End;* le *West-End;* 4° *Surrey-side.* On peut y ajouter encore les faubourgs du nord.

En nommant la Cité, j'ai nommé le peuple anglais ; car ce petit coin de 221 hectares est bien le cœur de la Métropole, le comptoir de l'Angleterre, le centre des affaires, le siège du crédit, le rendez-vous des négociants ; là sont les grandes institutions du pays : la Banque, la Bourse, la Monnaie, la Douane, la Poste, l'Excise, la corporation municipale, les tribunaux et les prisons. Où trouveraient place tous ces hommes si la marée du soir n'emportait pas tous ceux que la marée du matin y a apportés, les habitants de la cité seraient promptement asphyxiés; car ils comptent à peine pour un vingtième dans cette population flottante ; celle-ci a émigré, laissant ses habitations aux comptoirs, aux magasins, aux édifices publics ; étouffée, privée d'air pendant le jour, elle va demander à la campagne le frais et le calme de la nuit ; aussi chaque matin vous voyez arri-

ver par centaines de mille tous les employés, à pied, en
omnibus, en cabs ou en steamboat. Et là jusqu'à
cinq heures du soir, les sept rues de la cité versent
des flots d'hommes dans ce carrefour central de l'immense
ville. Les maisons retentissent d'un bruit incessant produit par le roulement des voitures, des camions et des
chars; sur les trottoirs vous êtes coudoyés par des
hommes à la physionomie grave et pensive, au regard
distrait et avide, au pas précipité, au souffle haletant et
brûlant. A six heures du soir, un morne silence règne
dans la cité; les maisons fermées ressemblent à des
sépulcres; les corps qui leur donnaient la vie se sont éva-
nouis, comme des ombres ; les uns sont partis pour leurs
villas, les autres plus modestes ont regagné leurs petites
habitations des faubourgs.

Entre la *Cité* et le *West-End*, les deux pôles de la
richesse anglaise, est venue se placer la ville boutiquière
et bourgeoise, industrieuse et travailleuse, avec son
mouvement incessant, ses larges rues, ses innombrables
magasins, ses deux millions de petits commerçants,
d'artisans et d'ouvriers. C'est le *Strand, Holborn,
Oxford-street, Leicester-Square* et *Saint-Gilles*. Ici sont
les théâtres et les lieux d'amusement. *Leicester-Square* est
habité par des Français, des Allemands, des Polonais, des
Espagnols. Aussi les Anglais fuient ce quartier, comme
un lieu de perdition. Il est également habité par les épi-
ciers, les taverniers et les débitants, la plupart Anglais
et Irlandais.

Auprès d'*Oxford-street* et de *Piccadilly* se trouve

Saint-Gilles, repaire de toutes les misères et de toutes les débauches. Vous passez à Londres de la plus brillante opulence à la pauvreté la plus repoussante. De misérables femmes, couvertes de haillons, parcourent les rues nu-pieds; un chapeau fané recouvre ces têtes flétries; et le nombre en est grand. Quelle pitié, mon Dieu! Aussi ce quartier est déserté par les riches pour lesquels ce contact semble un déshonneur. Chaque quartier de la ville a une rue pour les pauvres. On y rencontre de grandes filles, à la chevelure épaisse, aux jambes nues, un mauvais haillon à peine croisé sur la poitrine, qui vous regardent d'un œil hagard et farouche; on lit la souffrance et la faim sur ces figures maigres, hâves, terreuses, martelées et vergetées par le froid! Il y là de pauvres diables qui ont toujours ou faim, depuis le jour où ils ont été sevrés.

Le commerce aujourd'hui progressant sans cesse, a envahi l'ancien *West-End*, le quartier riche, aristocratique et fashionable par excellence. Celui-ci s'est donc retiré de l'emplacement qu'il occupait, entre *Régent-street*, *Piccadilly*, *Hyde-Park* et *Oxford-street*, pour s'étendre dans la campagne, de manière qu'aujourd'hui le *West-End* comprend tous les quartiers à l'ouest de *Trafalgar Square*, jusqu'à *Chelsea*, *Brompton*, *Kensington* et *Nosting-Hill*. *Regent-street* est donc maintenant la plus belle rue de Londres, bordée de chaque côté de magnifiques colonnes corinthiennes cannelées avec des arcades, comme la rue de Rivoli. Mais les magasins n'ont ni l'élégance ni le luxe des étalages de Paris.

Suivons l'aristocratie dans sa migration ; c'est à l'est de *Hyde-Park*, à *Grosvenor-Square*, qu'elle a établi son quartier général. C'est là qu'habitent les grands dignitaires de l'État, les diplomates, les riches banquiers de la Cité, les Pairs et les Grands du royaume, les membres de la haute Église, du Parlement. Refoulés à l'ouest par la marée montante du commerce, et suivis par un flot de nouveaux enrichis, qui désirent passer pour de grands seigneurs, ils se sont établis dans *Belgravia*, quartier silencieux et solennel, remarquable par ses larges rues, ses longues files de maisons uniformes et ses deux grands squares de *Belgrave* et d'*Eaton* ; ce quartier forme une espèce d'ovale entre *Hyde-Park* et les jardins de la reine. Pour fournir aux besoins de cette colonie aristocratique, les trois villages de *Pimlico*, de *Chelsea* et de *Brompton* se sont transformés en quartiers populeux et commerçants.

Pimlico est habité par la haute bourgeoisie et la classe des petits *Gentilatres-gentry*. *Chelsea* est peuplé d'une foule d'hommes ruinés et de parvenus avares, qui veulent se faire passer pour des gentlemen. *Brompton* est le quartier des familles valétudinaires ; aussi est-ce là qu'est construit le grand hôpital. Le quartier de *Little Asia*, au nord du Parc de *Kensington*, est habité par d'anciens officiers et des fonctionnaires de l'Inde.

Westminster est la cité officielle ; elle renferme les palais, le Parlement, les ministères et les casernes. Le quartier de Saint-James, à l'est du Parc, a été accaparé

presque en entier par les clubs et autres établissements
fashionables.

Paddington est un immense et nouveau quartier,
limité au sud par *Hyde-Park*, au nord-est par *Edgeware-
road ;* il se confond de plus en plus avec les quartiers
élégants de *Baywater* et de *Norland Town*. La rue la
plus monumentale de *Paddington* est *Westbourne-Terrace*,
avec ses jardins, ses grands arbres et ses maisons à
péristyle et colonnes en stuc.

Le distric de *Regent's-Park*, situé au nord-est de Paddington, est habité principalement par la petite bourgeoisie et la *gentry*. Georges IV voulut y établir l'aristocratie ; il y fit bâtir des maisons monumentales ; mais la
fashion ne fit pas un pas. Le pourtour de *Regent's-Park*
est parsemé de gracieuses villas, aux murailles feston-
nées de plantes grimpantes : c'est le quartier de *Saint-
John's-wood*, habité par de petits négociants retraités.
A l'est de *Regent-street*, s'étend le quartier commerçant
de *Somers-town* et les avenues tranquilles de *Camden town*.
Les médecins célèbres, habitent *Marylebone*. Un grand
nombre de légistes préfèrent les beaux squares de *Montagne de Russell*, de *Bedfort*.

Au nord de la cité, et à l'est de *Camden town*
s'étendent les faubourgs, habités par la petite bourgeoisie, les employés de commerce et une partie de la colonie
étrangère.

A l'est, se déroulent les quartiers les plus pauvres et
les plus sordides de la Métropole.

Clerkenweel, situé au nord de *Holborn*, célèbre par

ses fabriques d'horlogerie, n'est pas aussi hideux que Saint-Gilles, mais c'est le district, de l'ignorance et du vice; ses défilés ne sont connus que par le policeman déguisé, se faufilant par des escaliers disjoints et brisés, jusqu'au repaire du voleur nocturne; ou par le missionnaire de la cité, agenouillé, à minuit, devant quelque paria, agonisant sur un paille infecte.

Spitalfields, à l'est de celui-ci, est le quartier des tisserands; ils ne gagnent que 10 shilling par semaine; ce sont, pour la plupart, des protestants français émigrés lors de la révocation de l'Édit de Nantes. Leurs maisons sont petites, malsaines et délabrées. Ces hommes végètent, et cependant ils sont probes et moraux; c'est le résultat de la vie de famille.

Bethnal-Grun, paroisse de quatre-vingt mille habitants, située entre *Spitalfields* et *Victoria-Park*, se compose également de tisserands irlandais. Les maisons de ce district, dit M. Léon Faucher, sont dans un état de délabrement, dont celles de *Spitalfields* même ne sauraient donner une idée; on les construit souvent en planches mal jointes, ce qui leur donne bientôt l'aspect de misérables étables; il s'y passe souvent des drames horribles, au point que M. *Litheby*, inspecteur de la salubrité publique, rapporte que, dans une maison garnie où les mendiants abondent, la nuit un homme, mort d'inanition, fut retiré du paquet de chiffons qui lui avait servi de lit, et laissé sur le plancher où des rats et un chien le dévoraient en partie.

Whitechapel rivalise avec *Saint-Gilles* pour la pauvreté. Cet amas de rues étroites, d'allées tortueuses et

obscures comprend huit mille maisons et confine à la
cité. Le chemin de fer de *Blakwaull*, dit encore M. Léon
Faucher, traverse *Whitechapel* dans toute sa largeur. Du
haut des arcades, sur lesquelles la voie de fer est placée,
la vue plonge à loisir dans les secrets de cette misère:
on aperçoit des femmes hâves, qui se montrent aux
fenêtres, des enfants blêmes qui se vautrent dans la
fange, des haillons suspendus au-dessus des rues, comme
pour intercepter la lumière ainsi que la chaleur; çà et là
des briques et des immondices dans les espaces libres;
des mares fétides, tel est le spectacle que présente Whitechapel, vu à vol d'oiseau. Les juifs y ont leurs comptoirs, leurs maisons, leur cimetière et leurs établissements de charité. Les curiosités de *Whitechapel* sont
principalement la rue des bouchers et la foire aux
chiffons. Cette rue ne le cède pas en horreur pittoresque
à la fameuse rue de Francfort, où je me promenais en
tremblant. Aux auvents des maisons délabrées sont
accrochés des cadavres entiers de bœufs, dont les en-
trailles sont encore sanglantes, des quartiers d'agneaux;
des baquets remplis de chairs dépecées, sont étalés sur
les tables dans un affreux désordre. Devant la porte,
dit M. Thomas Miller, on voit presque toujours le boucher se pavanant dans son costume traditionnel, les
culottes bleues, les bas de laine et le tablier sanglant.
La foire aux chiffons, située dans *Houndsditch* (le fossé
du chien), consiste en une longue rangée de boutiques
ignobles, ouvertes à tous les vents, remplies de guenilles
et de chiffons. Les autres quartiers pauvres ressemblent,

à peu de chose près, à celui-ci, ils renferment les docks les plus importants et la majeure partie de la population maritime.

Sur la rive méridionale de la Tamise, dans le comté de *Surrey*, se trouvent les quartiers de *Greenwich*, *Rother-hithe*, *Deptford*, *Bermondsey*, *Southwark*, *Lambeth*.

Greenwich est une cité du comté de *Kent*, forte de 107,032 habitants; *Deptford* et *Rotherhithe*, où sont les docks du gouvernement, restent, comme la précédente, le centre du commerce de bois de construction ; elles sont habitées par les bateliers, les marins, les crocheteurs et les porteurs de charbon... *Berdmondsey* présente une physionomie aussi hideuse que *Whitechapel*, quoique moins misérable. Elle renferme presque tous les établissements où l'on s'occupe de la mise en œuvre des peaux et des laines. Aussi quelle odeur fétide l'on respire ici, ainsi que dans *Lambeth* où se trouvent les usines du noir animal.

Pour retrouver un quartier et des villas élégantes, il faut remonter jusqu'à plusieurs milles au sud du pont de Londres, à *Cumberwell*, habité par de riches commerçants allemands. Alors se développent les districts de *Newington*, *Brixton* et *Clapham* où demeurent les familles de la petite bourgeoisie. Beaucoup de pensionnats sont aussi groupés autour de *Clapham-Common*. La ville s'étend surtout de ce côté, elle envahit même les prairies; chaque année la Métropole voit s'élever dix ou onze mille maisons nouvelles pour y recevoir les nouveaux venus.

Je n'ai pas encore dit un mot de la Tamise, et cependant c'est bien le cœur et la vie de la Métropole, c'est la grande rue de Londres ; c'est par cette rue que se fait son colossal commerce d'exportation et d'importation. Quelle vie ! quel mouvement sur ces eaux jaunâtres ! Tous les pavillons s'y déploient, toutes les langues s'y parlent, tous les costumes s'y dessinent ; on glisse, on vole sur ces eaux plus nombreux que les cormorans sur les côtes, plus rapides que l'aigle qui traverse la plaine. Et ce va-et-vient, ce croisement de milliers de navires se fait dans le calme et le plus rigoureux silence. Ici tout parle aux yeux, vous ne pouvez même pas saisir tous les mouvements rapides de ces locomotives subites et instantanées ; vous regardez, et tous ces navires filent et fuient devant vous comme des fantômes éperdus ; autant vos oreilles bourdonnent dans *Oxford-street*, autant vos yeux se fatiguent et se ferment devant cette scène, que je ne puis comparer qu'à un peuple de muets. Aussi les Anglais appelent-ils leur fleuve *Silent-Hifghway* (la route silencieuse). Ici en effet on ne se parle que par signaux. La Tamise, dit M. Esquiros, a le génie anglais, elle est sombre, profonde, laborieuse, puissante. Monté sur la proue d'un de ses innombrables bateaux à vapeur, il faut voir les ponts de Londres, les édifices publics, *Westminter, Saint-Paul, Sommerset-House* et tous ces clochers, qui, à une grande distance, se lèvent dans le brouillard, avec des airs de spectre ; mais surtout les toits angulaires des vieux *wharves*, avec les grues et les chaînes qui soulèvent

vaillamment les massives et obscures richesses du monde
entier. Ces grues innombrables, élevées sur les jetées
des noirs entrepôts, suggèrent, ajoute un écrivain anglais,
l'idée de potences gigantesques dressées à seule fin de
favoriser le penchant national des Anglais pour le sui-
cide par pendaison.

Je commence donc, à pied, mon intéressante promenade le long de ce fleuve si mouvementé. Je pars du
pont du *Westminster* jusqu'au pont de *Blackfriard*.
Quelle course! quel grandiose aspect! Comme ces eaux,
couvertes de navires, remuées jusque dans leurs profondeurs, emprisonnées dans ces gigantesques et luxueuses
murailles de granit, illuminées par ces milliers de candélabres, dominées par ces quinze ponts, qui sont autant
de chefs-d'œuvre de l'art, contemplées par tous ces
docks immenses, semblent les inviter à entrer dans leurs
bassins, et leur crier sans cesse : Apporte, apporte !
Comme ces eaux doivent être fières et satisfaites aujour-
d'hui de la Métropole; car, il y a trente ans, elles étaient
bien délaissées et cependant elles apportaient, comme
aujourd'hui, à la grande ville, l'or et l'argent de toutes
les nations. De bien longs siècles les laissèrent dans
l'oubli et la plus profonde humilité ; noires et fangeuses,
en rongeant leurs berges mal avoisinées, elles coulaient
loin des palais de *Piccadily* et du *West-End.* Mais
la Métropole a enfin compris ses devoirs : reconnais-
sons sa main dans les travaux gigantesques qu'elle a
exécutés sur les deux rives de ce fleuve célèbre.

Quelle œuvre gigantesque que celle des ponts sur la

Tamise ! Les arches ont 73 mètres d'ouverture sur
17 mètres de hauteur. Je m'arrêtai stupéfait devant le
pont de *Southwark*. Celui de *Waterloo*, mérite une étude
spéciale : c'est un des plus beaux ponts du monde. Il est
l'œuvre de *John Rennie* ainsi que celui de *Southwark*.
Ici encore neuf arches avec une ouverture de 36 mètres
sur 10 mètres d'élévation ; la largeur de parapet à parapet
est de 21 mètres ; la longueur, y compris les vingt-
sept arches, en briques, du pont du côté de *Surrey*, et
les seize arches qui le réunissent au *Strand*, atteint
748 mètres. Ce chef-d'œuvre est entièrement revêtu de
granit de *Cornouailles*, de *Derbyshire* et d'*Aberdeen ;* chacune des piles est ornée de deux colonnes d'ordre
dorique, supportant des plates-formes circulaires proje-
tées en dehors du pont. Les quatre loges des receveurs
sont de style dorique. Les tourniquets en fer ne laissent
passer qu'une personne à la fois, et communiquent par des
engrenages avec un cadran placé dans le bureau du
receveur. On ne paie qu'un penny ; en 1850, près de
cinq millions de personnes, environ douze mille cinq cents
par jour, ont traversé *Waterloo-bridge*. Jugez des autres
ponts par celui-ci. La fonte, le fer battu, la pierre, le
granit, le chêne entrent dans la construction de tous ces
monuments dignes des Romains. Aussi j'espère que la
Tamise ne se plaindra plus de l'oubli de sa fille. Un
seul pont de Londres lui coûte 50 millions ; celui de
Waterloo 25 millions ! et les douze autres !

Non contente d'avoir si splendidement couronné sa
mère nourricière, Londres voulut encore la ceindre d'une

ceinture digne d'elle. En suivant ce magnifique méandre,
qui retrace si parfaitement la lettre *M*, j'admirais les
superbes quais de la rive gauche et de la rive droite.
Oui, ce sont vraiment des quais royaux! Le granit revêt
encore ici la brique à une profondeur moyenne de
10 mètres au-dessous des plus hautes marées et une
hauteur de 1^m,20 au-dessus. La voie, large de 19 mètres
pour les voitures et de 11 mètres pour les trottoirs, se
rattache par une rampe douce au pont de *Westminster*,
passe sous les ponts de *Charing-Cross* et de *Waterloo*, pour
se relever de nouveau jusqu'au niveau du pont de *Blackfriars*, où elle se joint à la nouvelle rue *Queen-Victoria*.
Ce sont alors de beaux jardins dessinés sur les terrains
vagues repris au fleuve; des groupes de statues en
bronze se dressent de distance en distance, dominées
par l'obélisque dit aiguille de Cléopâtre. Puis encore
des *Piers* ou débarcadères flottants pour les bateaux
à vapeur; ces débarcadères correspondent aux quatre
stations du chemin de fer métropolitain, dont la ligne
passe dans l'épaisseur même du quai, où sont aujour-
d'hui les anciennes berges, garnies de maisons croulantes
et de sombres *wharves*, pour faire place à cette majestueuse ligne de granit, à ces *Piers*, à ces jardins, à ces
statues, magnificences superbement dominées par le
Parlement, le palais de Sommerset, Saint-Paul et tous
les monuments de la grande ville régénérée. Londres a
de la sorte ménagé à sa population laborieuse une des
plus agréables promenades sur les bords de la Tamise.

Cette promenade m'intéressa si bien que je voulus lui

consacrer encore une journée. Je revins donc sur les rives
du fleuve, je les suivis depuis la tour de Londres jusqu'à
Black-Waall. Je voulais visiter le port de Londres, le
plus fréquenté du monde, ses bassins, ses docks. Pour
apprécier l'importance de ce port commercial, je ne citerai qu'un chiffre : soixante-dix mille navires le visitent
chaque année, ils y versent 12 millions de tonneaux
de marchandises, représentant une valeur de 3 mil-
liards de francs. Mais où loger tous ces navires, emma-
gasiner tous ces produits?

· Des Compagnies, au capital de 30, de 60, de
120 millions, se sont formées; elles ont mis la main
à l'œuvre, elles ont creusé ces vastes bassins et nous
ont laissé les docks de *Sainte-Catherine* de *Londres*,
des *Indes occidentales, orientales, de Victoria et du
commerce*. Il faudrait des mois pour visiter à fond
ces docks, qui couvrent, les uns 30, 80 hectares;
les autres, 100 et 120 hectares. Vous demandiez, tout à
l'heure, où loger tous ces navires et toutes ces marchandises ? Entrez avec moi dans les docks de *Londres;* trois
cents vaisseaux y trouvent place ; les entrepôts peuvent
recevoir deux cent quatre-vingt mille tonneaux ; dans
les caves on y asseoit vingt-sept mille pipes de vin;
vingt-quatre mille boucauts de tabac s'empilent facilement dans les magasins; la grande salle, une des plus
grandes du monde, occupe 2 hectares de superficie. Et
ce fameux four de *Queen'-Pipe*, où sont jetés les tabacs,
les thés et les autres marchandises avariées et dont le
brasier est perpétuellement alimenté! Deux mille navires

sont reçus annuellement dans ce bassin, ils y versent
cinq cent mille tonnes de marchandises, qui occupent
trois mille ouvriers ; quatre cents employés ont la haute
direction. Comme leurs noms l'indiquent, les autres
docks ont leur spécialité ; ainsi celui des *Indes occidentales* reçoit et peut loger cent cinquante mille boucauts
de sucre, quatre cent trente-quatre mille sacs de café,
trente-six mille pipes de rhum, quatre mille billes d'acajou, vingt et un mille tonneaux de bois de campêche. Mais
les docks des *deux Indes* réunis admettent, par an, trois
mille navires, jaugeant 875,000 tonnes, et les marchandises de ces deux entrepôts sont évaluées à 300 millions.
Les docks *Victoria* ont la spécialité des bassins de caré-
nage. On y soulève un navire de 600 tonnes en trente-
cinq minutes ; des grues hydrauliques déchargent en
douze heures un navire de 1,000 tonnes. Enfin les docks
du commerce sont affectés au trafic des bois. N'est-il pas
vrai qu'après avoir visité ces immenses entrepôts on peut
se faire l'idée de la richesse et de la puissance commerciale d'un peuple ? Je connais les bassins de Marseille et
du Havre, ceux de *Boston*, de *New-York* et *Brocklyn*,
mais je n'hésite point à confesser que les docks de *Londres*
et de *Liverpool* n'ont point leurs pareils dans le monde.

Je ne quitterai pas les bords de la Tamise sans vous
parler de ses tunnels et de ses viaducs. Voici le tunnel
Brunet, c'est le nom d'un compatriote. On cherchait,
depuis longtemps, un moyen d'unir les deux rives du
fleuve en aval du pont de Londres ; établir un pont, c'était
entraver le mouvement de la navigation. Brunet conçut

alors l'idée de percer, sous le lit du fleuve, une voie de
communication ; de là le fameux tunnel de la Tamise et
le *subway* de la tour. Je descendis ce sombre et glis-
sant escalier de 19 mètres, et en longeant les arcades
humides et suintant l'eau du fleuve, je m'avançai en
tremblant, sous ces voûtes qui portent 60 pieds d'eau.
J'allai de *Wapping* à *Rotherhithe*, trajet de 366 mètres de
longueur, passant par la droite et revenant par la gauche,
je ne vous dirai pas ce qu'on éprouve dans ce silencieux et mystérieux voyage, ce serait renouveler la description d'une descente aux enfers ; aussi je laisse cette
tâche à quelque Virgile insulaire. Je dirai, toutefois,
que les Romains n'avaient point de ces conceptions-là.
Rien ne coûte aux Anglais pour la réalisation d'une
idée, car les travaux s'élevèrent au chiffre de 15,350,000 fr.
Ils firent mieux encore — une idée en fait souvent surgir
une autre : — aujourd'hui, au moyen d'un tube en fonte,
ils ont construit un *railway* sous la Tamise, en face de
la tour de Londres.

Cette ville est sillonnée en tous sens par des viaducs.
Le plus remarquable de tous est celui de *Holborn*. Il
franchit la profonde vallée de la *Fleet*, au fond de
laquelle court *Farrington-street*, la grande voie d'*Holborn* à la cité par *Newgate-street*. Ce viaduc comporte
427 mètres de longueur sur 24 mètres de largeur.
Farrington est traversée par un pont monumental ; le
parapet est décoré de belles statues représentant l'art, la
science, l'agriculture, le commerce, et des lions héral-
diques. Quatre tourelles, placées aux angles du pont,

renferment les escaliers qui mettent le viaduc en communication avec la chaussée de *Farrington-street*. Les façades des tourelles sont ornées de statues représentant les hommes les plus célèbres de la cité.

Maintenant que je connais les rues principales et les différents quartiers de Londres, je veux jouir de l'immense panorama de cette ville. Le soleil est radieux, le ciel est pur, ce qui est rare ici ; aussi je vais en profiter ; je pars donc pour Saint-Paul, car, du sommet de sa coupole je veux contempler la grande cité. Quel spectacle ! Un nombre incalculable de maisons s'étend à mes pieds. Cette ville est si peu accidentée, qu'on l'embrasse dans toute sa circonférence. Comme les maisons sont uniformes, les points saillants apparaissent de suite. J'aperçois de nombreux clochers aux pointes élancées, de sombres cheminées crachant de noirs tourbillons de vapeurs ; une forêt de mâts, dont les pavillons flottent à tous les vents ; des locomotives semblables à des dragons ailés, se dirigeant aux quatre points cardinaux, semblant voltiger au-dessus des maisons puis s'introduire au cœur de la ville en décrivant un vaste cercle autour de la cité, comme pour se mettre aux ordres de ses riches habitants. J'aperçois encore la grande artère de l'est à l'ouest, et celle du nord au sud qui se précipite à son tour dans *Cheapside;* puis toutes les autres rues transversales se déverser dans *Uxbridge-Road* et dans *Kensington-Road;* au nord, le *Great Norhun;* au nord-est, *Victoria-Park;* au nord-ouest, *Primerose-Hill* et *Regent's-Park;* à l'ouest, *Kensington, Hyde-Park, Piccadilly,* le *Strand, Pall-Mal,*

c'est-à-dire la richesse, l'opulence, l'Éden des dieux ;
au sud, la Tamise et ses merveilles ; à l'est, les vertes
campagnes et ses villas. Mais, au milieu de cette vaste
plaine, comme dominant tout le reste, sont : *Westminster*,
Saint-Paul, le *Parlement* et la *Tour de Londres*. J'aperçois bien au loin les palais près *Regent's-Park* et *Hyde-
Park*, entourés de grilles et de fossés, ressemblant à des
châteaux-forts, précédés de leurs ponts-levis ; on les reconnaît à leurs nombreuses colonnes de stuc ; mais leur riche
architecture subit la triste influence du charbon et de l'atmosphère de la cité ; ils apparaissent noirs et enfumés ;
toute la magnificence et le confort sont à l'intérieur.

Si Londres a peu de monuments publics, les clubs
ou cercles sont nombreux, c'est là que se réunissent des
milliers de gentlemen pour jouir à meilleur compte du
bien-être et de toutes les élégances du luxe. Ne cherchez
pas non plus les grands places publiques de nos villes
continentales, remplacées ici par des squares et des petits
jardins qui ont bien leur agrément. Les squares diffèrent
des nôtres en ce qu'ils ne sont pas publics. Chaque propriétaire des maisons qui entourent le square possède
une clef qui lui permet d'entrer dans le jardin protégé
par une grille en fer, quand bon lui semble, ce qui lui
permet d'habiter tout à la fois la ville et la campagne.
Les plus riches ont un jardin particulier.

Dans les rues, vous ne rencontrez que des hommes
affairés qui se coudoient, sans se voir, l'œil tendu, la
tête penchée en avant. Point de troupes qui encombrent
les rues et interrompent la circulation ; mais quelques

escouades de policemen, sans épée, se distinguant à peine
des bourgeois par leur uniforme, passent et repassent de
temps à autre. Les pauvres ouvriers, les mendiants eux-
mêmes portent l'habit noir ; les pauvresses couvertes de
haillons portent également le chapeau ; enfin ces rues interminables, ces *parks* perdus au milieu des maisons, comme
des ilots au fond de la mer, ce flot d'hommes qui roule
incessamment, comme un fleuve ; ces convois, qui passent
en sifflant au-dessus des maisons ; ces bateaux à vapeur,
qui regorgent de passagers, ce palais de cristal, où
cent mille personnes circulent à la fois, finissent par
donner le vertige au touriste ravi d'admiration par tant
de riches merveilles. Avec un œil attentif on s'aperçoit
bientôt que cette Babylone moderne se compose de plusieurs villes entièrement distinctes et n'ayant de commun
que le dôme qui les recouvre ; car chaque quartier forme
comme un monde à part.

Londres est un ensemble de villes juxtaposées, dit
M. *Ewing Ritchie* ; promenez-vous dans *Regent's-street*,
vous êtes dans une ville de magasins somptueux ; dirigez-
vous vers le *West-End*, vous entrez dans une cité de
parcs et de palais ; traversez *Saint-Gilles*, vous ne voyez
que boue et tavernes ; à *Belgravia*, tout est monumental
et grandiose ; à *Pimlico*, les demeures sont mesquines
et prétentieuses ; autour de *Russell-square*, elles sont confortables ; à *Islington*, modestes et pieuses ; et dans tous
ces quartiers, les habitants ressemblent à leurs maisons.
L'agent de change, qui réside à *Clapham*, n'a, pendant
de longues années, jamais mis le pied dans une seule

rue autre que celles qui conduisent de la Bourse à sa
villa. Le clerc d'avoué, qui demeure à *Pimlico*, ne
dépasse jamais, dans ses courses, *John-street*, *Bedford-
Row*. Les habitants d'*Islington* et d'*Holloway* vont à la
cité tous les matins et reviennent tous les soirs à leur
faubourg par une même route invariable. Les races sont
aussi distinctes que les quartiers : les élégants du *Park*,
les meuniers de *Mark-lave*, les éleveurs du marché de
Copenhague-Fields, les juifs de *Houndsditch* et de *Holy-
well-street*, les jeunes gens pâles et maladifs de la cité,
les matelots de *Deptfort* et de *Wapping*, les confiseurs
allemands de *Whitechapel*, sont en effet des races
d'hommes parfaitement tranchées.

Les maisons anglaises, écrit Théophile Gauthier, n'ont
pas de portes cochères, presque toutes sont privées de
cour ; un fossé recouvert de barreaux ou garni de grilles
les sépare du trottoir. C'est au fond de cette tranchée
que sont placées les cuisines, l'office et les dépendances.
Le charbon de terre, le pain, la viande, enfin toutes les
provisions de bouche sont descendues par là, sans causer
aucun dérangement aux maîtres. Les écuries sont habi-
tuellement placées dans d'autres bâtiments, quelquefois
assez éloignés. La brique est la base ordinaire des constructions. Les étages ne dépassent guère le nombre de
trois, et ne comportent que deux ou trois fenêtres de
front, car une maison n'est ordinairement habitée que
par une famille. Les fenêtres affectent cette forme,
connue chez nous, sous le nom de châssis à guillotine.
Un perron de pierre blanche, jeté comme un pont-levis

sur le fossé, où se trouvent les offices, relie la maison à
la rue, et la porte peinte, en chêne, est souvent ornée
d'un écusson de cuivre, où sont écrits les noms et qua-
lités des propriétaires ou locataires. Tels sont les traits
caractéristiques d'une vraie maison anglaise.

Une chose qui donne à Londres un caractère tout particulier, outre la largeur de ses rues et de ses trottoirs,
et le peu de hauteur des maisons, c'est la couleur noire,
uniforme, qui revêt tous les objets ; rien n'est plus
triste et plus lugubre ; ce noir n'a rien des teintes rem-
brunies et vigoureuses que le temps donne aux vieux
édifices dans les contrées moins septentrionales ; c'est une
poussière impalpable et subtile qui s'attache à tout, qui
pénètre partout et dont on ne peut se défendre. On dirait
que tous les monuments sont saupoudrés de mine de
plomb. L'immense quantité de charbon de terre que l'on
consomme à Londres, pour le chauffage des usines et des
maisons, est une des principales causes de ce deuil général des édifices, dont les plus anciens ont littéralement
l'air d'avoir été peints avec du cirage.

L'architecture des maisons habitées par les classes
riches est tout à fait grandiose et monumentale, quoique
d'une composition hybride et souvent équivoque, jamais
on a vu tant de colonnes et tant de frontons, même dans
une ville antique. Les Romains et les Grecs n'étaient pas
si Romains et si Grecs assurément que les sujets de Sa
Majesté Britannique. Vous marchez entre deux rangs de
Parthenon, c'est flatteur. Vous ne voyez que temples de
Vesta Jupiter-Stator, et l'illusion serait complète si dans

les entre-colonnements vous ne lisiez des inscriptions
du genre de celle-ci : Compagnie du gaz; assurance sur
la vie. L'ordre ionique est bien vu, le dorique encore
mieux ; mais la colonne *Pastummienne* jouit d'une vogue
prodigieuse, on en a mis partout, comme la muscade
dont parle Boileau. Ces colonnades et ces frontons ne
manquent pas, au premier coup d'œil, d'un certain
aspect splendide ; mais toutes ces magnificences sont,
pour la plupart, en mastic ou en ciment romain, car la
pierre est fort rare à Londres.

Ma sixième journée est une course aux statues.

Il n'est pas une placette, un *circulus*, un *square* qui
n'en possède une, deux et quelquefois trois, et quelles
sont aussi les rues et les maisons qui n'aient point leur
square? Si chaque grande maison a son *circulus* ou son
jardin, pourquoi n'aurait-elle pas son grand homme et
sa statue? Je crois donc que, si l'histoire de l'Angleterre
venait à être effacée des annales de l'Europe, on la
retrouverait dans les rues de Londres, en commençant
par la reine Victoria jusqu'au premier roi du pays. Je
ne connais pas de peuple plus reconnaissant envers ses
rois et ses grands hommes. Voici *Trafalgar*. Puis le
grand capitaine *Nelson*, coulé en bronze *français*, sur
Waterloo-Palace. Le duc d'York apparaît sur sa colonne,
en compagnie de lord Clyde, de Francklin, des héros de
Crimée, qui se tiennent tous à distance. Au milieu de
New-Palace-Yard, Canning pose en colosse ; un peu plus
loin, Richard Cœur de Lion. A l'extrémité nord du pont
de *Londres*, le monument *Yard*, aux colonnes cannelées,

Hyde-Park.

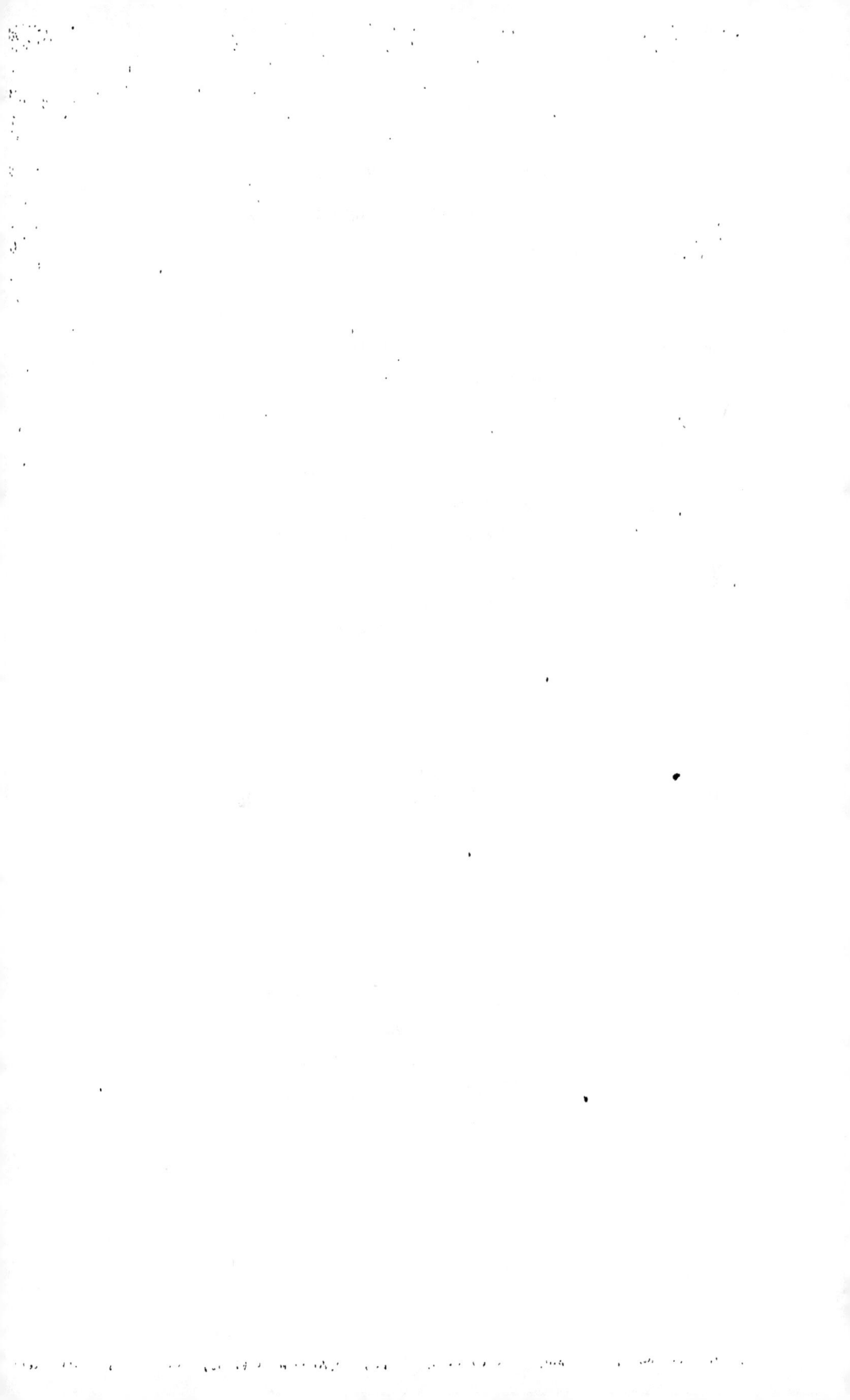

rappelle et perpétue le souvenir du terrible incendie
de 1666. Guillaume III, sur son cheval de bronze, au
milieu de *Saint-James-square* semble passer la revue de
tout *Pall-Mall.* Là sont les clubs de l'armée, de *Wyndham,*
de l'*Erutelhum* et le palais du comte Grey-William
Pitt occupe *Hanower-square,* en compagnie du club
oriental, de l'Académie royale de musique, des Sociétés
de zoologie et d'agriculture. La médiocre statue de
Georges III fait peu d'honneur à *Berkeley-square,* tandis
que Georges Ier, tout resplendissant d'or, n'est pas déplacé
dans *Grosvenor-square,* habité par toute les familles aristocratiques. *Belgrave-square* partage aussi le même
honneur, il a donné son nom à cette classe privilégiée.
Le duc de Cumberland, le vainqueur de Culloden, et
Bentink se disputent la *Cavendish-square,* résidence des
riches médecins et du duc de Portland. La reine Victoria n'a pas oublié son père ; elle a voulu que le duc de
Kent eût sa place dans *Park-square,* à quelques pas de
Regent's-Park. Le duc de Bedford, dont on a nivelé l'hôtel
pour en faire *Russel-square,* occupe le même emplacement.
Queen-square a pris le nom de la reine Anne, qui en fait
l'ornement et la décoration. L'orateur Fox, dans *Bloow-
berry-square,* la Grande Charte à la main, semble attendre
le silence pour en donner lecture.

Ne vous étonnez pas de la multiplicité des squares,
des circulus et des jardins à Londres ; les Anglais
aiment, avant tout, le confortable ; et pour ne pas être
asphyxiés par le brouillard et la fumée, il était indispen-
sable d'ouvrir de larges rues, de dessiner des squares et

des jardins, pour respirer à l'aise. Ils créèrent ensuite, au sein de la Métropole, de riantes et vastes campagnes, des parcs de 30, 100 et 160 hectares que Paris doit envier à Londres.

Le plus vaste, *Hyde-Park*, ainsi nommé du manoir de Hyde, qui appartient à l'abbaye de Saint-Pierre de Westminster, est relié d'un côté à *Grun-Park* et à *Saint-James-Park* ; de l'autre, à *Kensington-Garden ;* il établit ainsi une communication non interrompue d'allées et de gazons, sur une longueur de 4 kilomètres. De plus, une jolie rivière aux gracieuses ondulations, descend des jardins de *Kensington* dans *Hyde-Park* ; aussi l'appelle-t-on *Serpentine-River;* elle coule en s'élargissant graduellement pour se terminer brusquement par une petite cascade qui bondit sur des rochers artificiels, ombragée de grands arbres. C'est dans cette immense pièce d'eau que dix mille baigneurs prennent leurs ébats dans les matinées d'été, et que le soir, au coucher du soleil, le Yacht-Club célèbre ses régates et les patineurs pendant l'hiver tracent leurs figures plus ou moins élégantes. C'est près de cette rivière que s'élevait, en 1855, le Palais de l'Exposition. Quelle immensité ! On se croirait dans les vastes plaines de la Beauce ou du pays de Caux! car là, paissent en liberté les bœufs, les moutons, les chevaux de choix ; là s'étendent de magnifiques rivières sillonnées de barques légères, garnies du monde le plus fashionable. Autour du parc serpente une grande voie sablée, où se croisent les riches et brillants épuipages des lords. Si Londres l'emporte

par la richesse des équipages et de la toilette, Paris
aura toujours la supériorité pour l'élégance et la distinction des manières; Hyde-Park est également le rendez-vous des cavaliers de marque qui font caracoler
leurs pur sang dans *Rother-Row*. Près de l'avenue aristocratique par excellence, qui s'étend au nord de la *Ser-
pentine*, des cerfs et des daims, folâtrent dans un enclos
réservé. En cet endroit, on me fit remarquer la pierre
où se dressaient autrefois les potences de *Tiburn*, où
furent exposés les corps d'Olivier Cromwell et d'autres
régicides. On passe dans ce parc les grandes revues
de troupes; les prêches et les réunions publiques d'un
caractère politique s'y tiennent également.

Avant d'entrer dans le jardin de *Kensington*, je me
dirigeai vers *James-Park* pour y contempler les palais
qui occupent les trois côtés de son vaste triangle :
d'abord *Buckingham-Palace*, puis *Stafford-house*, *Saint-
James*, *Malborough-house* et *Carlton-Terrace*. J'admirai
la place de la parade, entourée des édifices de l'Ami-
rauté, des horse-guards, des ministères des finances
et des affaires étrangères. Un étang semé d'îles,
ombragé de bouquets d'arbres et traversé par un pont
suspendu, partage le parc en deux parties égales.

Green-Park est comme le précédent de forme triangulaire; il est entouré des palais de *Spencer-house*, *Bridge-
watter-house*, *Stafford-house;* au sud s'ouvre la splendide avenue de la *Constitution-Hill*, qui unit *Saint-James-
Parc* à *Hyde-Park*.

Je rentrai alors dans *Hyde-Park* et je me dirigeai

vers les jardins de *Kensington*, d'une superficie de
140 hectares ! Ce sont d'autres jardins de Versailles,
aux larges allées, aux immenses pelouses, aux magnifiques pièces d'eau où nagent des oiseaux aquatiques
de toute espèce. J'entendis un instant la musique militaire à l'ombre d'arbres gigantesques.

Je me rendis alors à *Regent's-Park*, le parc des
palais ; autour s'élèvent *York-Terrace*, *Cumberland-Ter-
race*, *Cornwa-terrace*, avec une allée de 3 kilomètres. A
l'intérieur on trouve le jardin botanique, orné d'une
magnifique pièce d'eau, plus au sud la pelouse de la
Société *Toxophelite* consacrée au noble jeu de l'arc ;
tout au nord, les jardins zoologiques ; enfin la charmante
colline de *Primerose-Hill*, qui n'est séparée du parc que
par le canal ; c'est le rendez-vous des habitants de
Londres, qui viennent jouir de l'imposant panorama de
la Métropole.

La reine Victoria n'a pas voulu que les pauvres des
districts ouvriers soient privés d'un parc : c'est par ses
ordres que fut créé celui qui porte son nom et qui embellit les quartiers populeux de *Bethnal-Green*, de *Haxney*
et de *Bow*. Six cent mille habitants désormais pourront se promener sous les ombrages de Victoria-Park
et jouir de la campagne. C'est à la munificence du duc
de *Sutherland* qu'est dû ce magnifique terrain. Je ne
parlerai pas des jardins botaniques et zoologiques, ils
diffèrent peu de ceux de Paris.

Ma huitième journée sera consacrée aux monuments
religieux. Londres en compte huit cent cinquante-deux,

qui se décomposent ainsi : quatre cent vingt-neuf temples
appartiennent aux anglicans ; cent vingt et un, à la secte
des indépendants ; cent, aux baptistes ; soixante dix-sept,
aux wesleyens ; vingt-neuf, aux catholiques romains ;
dix, aux calvinistes ; dix, aux presbytériens anglais ; dix,
aux juifs ; sept, à la Société des amis. Parmi ces nombreuses constructions, deux seulement sont de vrais
monuments, Saint-Paul et l'abbaye de Westminster.

Comme tous les monuments célèbres, Saint-Paul
remonte aux temps primitifs de l'Église d'Angleterre. Ce
fut saint Augustin, premier archevêque de Cantorbéry,
qui vint établir à Londres un siège épiscopal, et le roi
Ethelbert qui fit élever la première cathédrale dédiée
à saint Paul. Dévorée par l'incendie de 1083, l'évêque
normand Maurice remplaça celle-ci par une autre beaucoup plus somptueuse ; un grand nombre d'évêques
l'agrandirent, la décorèrent et y attachèrent leur nom ;
mais elle eut le sort de sa devancière, elle n'échappa
pas au terrible incendie de 1666. Neuf ans s'écoulèrent
jusqu'à ce que *Christophe Wren* posa la première pierre
du monument actuel, en 1675. Ce fut son fils *Christophe*
qui posa la dernière en 1710. La cathédrale Saint-Paul
s'élève sur une légère éminence, au centre de Londres ;
des bords de la Tamise et du pont de *Blackfriars*, le
dôme apparaît dans toute sa majesté et fait penser à celui
de Saint-Pierre, quoiqu'il y ait entre les deux la différence de l'erreur à la vérité ; il est regrettable néanmoins de voir ce bel édifice entouré, comme une prison,
de maisons lourdes et élevées.

Le plan est la croix latine avec des projections latérales à l'extrémité occidentale de la nef, afin de donner
plus d'ampleur et de majesté à la façade de l'ouest qui
est la principale. Mais Saint-Paul, quelque vaste qu'il
soit, sera toujours un monument d'emprunt, parce qu'on
a copié les plus mauvaises conceptions de la France et
de l'Italie. Pourquoi la présence du corinthien et du com-
posite dans cette vaste construction? Aussi, comme il y
a loin entre Saint-Paul et Sainte-Marie de Florence et
même Sainte-Geneviève de Paris? Une multiplicité de
vides rompt les lignes architecturales, détruit l'effet de
la perspective et altère l'unité de l'ordonnance. Mais ce
dôme immense, revêtu de plomb, entouré de trente-deux
colonnes corinthiennes, soutenant elles-mêmes une galerie avec balustrade en pierre, surmonté encore d'une
autre galerie ; enfin la lanterne, entourée aussi de
colonnes corinthiennes, s'élançant du milieu de son péristyle circulaire et se couronnant d'une boule, surmontée
par une croix dorée, tout cela est d'un effet grandiose
et imposant. Mais, étudiez la voûte intérieure, et vous
verrez qu'elle ne répond en rien aux formes extérieures.
Des charpentes adroitement combinées dissimulent de
graves défauts que vous ne rencontrerez ni à Rome, ni
à Florence, ni à Paris.

Avant de pénétrer dans le temple, arrêtons-nous devant
la façade principale; le bon goût manque absolument:
deux portiques, établis l'un sur l'autre, le premier fier
de ses colonnes corinthiennes, l'autre de ses huit colonnes
composites; voilà une première faute contre l'unité.

Puis ce fronton triangulaire, avec son bas-relief de la
conversion de saint Paul, fait une mauvaise impression
entre ces belles et fortes colonnes et les statues colossales
de saint Paul, saint Pierre, saint Jacques et des quatre
évangélistes. Enfin pourquoi des tours d'une architecture
si mesquine pour encadrer une façade si prétentieuse.

A l'intérieur, les proportions sont vastes : 152 mètres
de longueur; le transept, 36 mètres sur 31 mètres de
largeur; la circonférence est de 699 mètres; la hauteur
du dôme est de 123 mètres. Saint-Paul est donc une des
plus grandes églises du monde, après Saint-Pierre et
Milan. Aussi, au premier aspect, vous êtes frappé de la
majesté des voûtes, de la hauteur de la coupole, de la
longue suite des arcades; huit piliers énormes de
12 mètres à la base, soutiennent la coupole, décorée de
huit fresques assez mauvaises, représentant des scènes
de la vie de saint Paul. La nef est accompagnée de deux
bas-côtés flanqués de chapelles latérales. L'orgue a
deux mille cent trente-trois tuyaux et passe pour l'un des
meilleurs de l'Angleterre. Le chœur est garni de quinze
stalles richement sculptées. L'autel, soutenu par quatre
pilastres, occupe l'hémicycle. Encore une faute contre
le bon goût et le respect pour les traditions du temps
passé! Pour ne pas donner à ce temple l'aspect d'une
église catholique, les protestants décidèrent dans leur
aveuglement qu'on placerait, dans l'enceinte sacrée, des
monuments érigés en l'honneur des personnages émi-
nents dans les sciences et les arts, ou qui auraient rendu
des services à la patrie. Aussi sont-ils au nombre de

cinquante autour de la nef; c'est un véritable panthéon
militaire. Je les plains d'avoir remplacé ainsi les saints
qui firent tant d'honneur à leurs pays.

En descendant dans la crypte, je me trouve encore
en face d'autres célébrités ; j'y rencontre d'abord *Christophe Wren* et plusieurs peintres célèbres. Puis dans
une autre chambre réservée le sarcophage de *Wellington;* plus loin se dresse le cénotaphe de *Nelson;* sa bière
est faite avec le grand mât du vaisseau français *Lorient,*
qui sauta à la bataille d'*Aboukir.* Derrière la tombe de
Nelson s'ouvre une pièce tendue de draperies noires et
éclairée de nombreuses lampes, où l'on conserve le
magnifique char de bronze qui servit aux funérailles de
Wellington, la couronne ducale et le bâton de comman-
dement du grand général.

L'escalier géométrique qui conduit au dôme s'ouvre
également dans le transept méridional. Le bourdon colossal fait entendre les heures à une distance de 37 kilomètres. La galerie est sonore à ce point que deux personnes placées à 40 mètres l'une de l'autre peuvent
converser tout bas et bien se comprendre. Je n'ai pas
essayé l'ascension de la boule et de la croix, reculant
devant trois cent cinquante-six marches et surtout devant
la profonde obscurité dans laquelle on se trouve plongé.
Mais le panorama doit être plus grandiose encore que de
la première galerie, puisque la boule mesure 1^m,38 de
diamètre.

De Saint-Paul je me dirigeai vers *Westminster,* car
entre la cathédrale et la maison des jeunes lévites il y

a les rapports de la mère avec les enfants. J'y arrive au moment où l'office va commencer; j'aperçois un clergé nombreux, composé d'enfants de chœur, plus modestes et plus recueillis que les nôtres ; les chantres, les prêtres et les chanoines anglicans s'avancent; l'évêque préside, revêtu d'un habit noir en forme de soutanelle, avec une cravate blanche, et un petit tablier de soie noire; sur ce costume, l'évêque passe un surplis blanc à larges manches descendant jusque sur les talons, une étole rouge, un petit mantelet de velours cramoisi attaché sur l'épaule; une barette, ressemblant à la toque de nos avocats; il est précédé par les chanoines vêtus comme lui, mais plus simplement. Chacun se dirige vers sa stalle, et se met à genoux; tout le peuple est prosterné ; le silence, le recueillement le plus complet régnent dans l'assemblée; j'avouerai même que la tenue est plus correcte que celle de nos catholiques en France.

Rentrée dans le giron de l'Église, l'Angleterre redeviendrait encore l'Ile des Saints. Cependant la masse donne tout à la forme et rien au cœur. Le clergé se lève, un prêtre lit d'une voix onctueuse un chapitre de la Bible, puis il entonne un cantique qui est répété par tous les assistants. Le chant est harmonieux, mais très monotone ; on chante un nouveau cantique ; on prie pour la reine, les ministres, le tout en anglais, et cela pendant une heure et demie, sans y comprendre le sermon qui couronne l'œuvre. Quelle différence avec les pompes du catholicisme dans nos solennités religieuses. Prions pour

ces pauvres frères égarés ! Leur conversion me semble
encore bien éloignée, car tout s'y oppose : les préjugés,
les lois nationales, l'éducation, la richesse du clergé.
Une révolution politique pourrait seule changer la face
des choses ; je crois cependant que la plus grande partie
du peuple est dans la bonne foi ; mais il n'en est pas de
même du clergé et des hommes instruits.

L'office terminé, je parlerai maintenant du monument,
certes il en vaut bien la peine ; il occupe une assez
grande place dans les annales ecclésiastiques de la
Grande-Bretagne. Quelques-uns prétendent qu'il date
du règne du roi *Lucius*, mais cette opinion n'est pas plus
fondée qu'elle n'est digne de foi. Il est plus probable
que son érection est due à *saint Mellitus*, premier évêque
de Londres, envoyé d'Italie, en 601, par saint Grégoire
le Grand. Le saint évêque ayant converti Sigebert, roi
des Saxons, se rappelant le cloître de Saint-André à
Rome, voulut que Londres eût aussi le sien. Il bâtit
donc un monastère dédié à saint Pierre, à l'ouest de la
cathédrale consacrée à saint Paul, de là le nom de *West-*
minster. C'est là que le jeune clergé saxon était formé à
la piété, à la science et à l'observance de la discipline
ecclésiastique. Là, à l'ombre de ces cloîtres, fut ensei-
gnée, pendant des siècles, la plus pure doctrine ; les
pontifes romains avaient une prédilection toute particulière pour ce jeune clergé ; aussi envoyèrent-ils vers
cette île des hommes aussi distingués par la piété que
par le savoir. Ce fut d'abord saint Théodore, élevé dans
les écoles d'Athènes, initié à tous les secrets des sciences

divines et humaines. Une fois archevêque de Cantorbéry,
il donne à son tour la plus heureuse impulsion à toutes
les institutions ecclésiastiques. Puis saint Benoît Biscop,
puis le vénérable Bède et tous ceux que le grand Alcuin
appelle les fleurs de l'Angleterre.

L'abbaye de Westminster ne fut pas seulement illustre
par les lettres et les arts ; ses vieilles murailles virent
plus d'une fois devant elle les hauts barons en armes.
Les plus graves questions politiques y furent chaude-
ment discutées. Là furent couronnés les rois, là ils
dorment leur long sommeil. Détruite par les Danois,
au IX⁰ siècle, l'abbaye de Westminster fut relevée par
saint Dunstan. Mais l'œuvre de ce grand évêque ne
dura que jusqu'au XI⁰ siècle. L'abbaye fut alors
reconstruite par saint Édouard le Confesseur. Ce pieux
roi ne négligea rien pour rendre ce monument digne de
la grandeur de l'Angleterre. Il adopta l'ogive, et l'édifice, dit Mathieu Paris, excita une admiration si générale que Westminster servit de modèle à toutes les constructions du même genre. C'est le 25 décembre 1065,
fête de Noël, qu'eut lieu la dédicace de ce beau monument; tous les grands du royaume imitèrent le roi dans
sa munificence. *Harold* dédaigna de se faire couronner
à Westminster, aussi perdit-il la couronne dans les
plaines de *Hastings;* Guillaume, plus adroit, n'oublia pas
cette coutume des anciens rois. Mais avec Henri III,
époque de la belle ogive, en 1220, commence la reconstruction de l'église par la chapelle de la Sainte-Vierge ;
aussi l'Angleterre peut-elle disputer la palme de l'archi-

tecture aux pays les mieux favorisés. L'œuvre s'exécuta
aux frais du grand roi qui put contempler, avant de
mourir, ce monument splendide, qui coûta plus de cinq
millions. Henri VII, à son tour, mit en œuvre toutes les
richesses de l'architecture du xv⁰ siècle ; toutes les gui-
pures de Nancy, de Valenciennes et de Bruxelles ne
sont que de pâles imitations des broderies en pierre de
la chapelle de Henri VII, qui me laissèrent dans un grand
ravissement. Avec ce roi pieux et ami des lettre, s'éclipsa
la gloire de Westminster, car Henri VIII, gagné au protestantisme, s'empressa de chasser les moines, fidèles
gardiens de tous les tombeaux qui avaient été placés
dans la célèbre abbaye. Le monument reste, il est vrai,
mais c'est un corps sans âme.

Pour embrasser d'un seul coup d'œil l'édifice entier
je me plaçai sous le portail. Il me parut hardi et bien
proportionné : 113 mètres de long ; 25 mètres de large ;
avec une voûte de 31 mètres de haut. Les deux nefs
latérales sont un peu trop basses ; dans la nef de l'est,
au lieu de rencontrer les statues de nos saints, j'aperçus
un grand orateur, Pitt, puis Wellington, lord Brougham,
l'amiral Nelson, Shakespeare, un musicien célèbre, une
comédienne en renom, enfin saint Paul, saint Édouard,
saint Henri, tout cela pêle-mêle ; je fus saisi d'une vive
indignation à la pensée d'une nation civilisée, croyante,
mêlant ainsi le profane au religieux. Toutefois, en contemplant les beaux vitraux du moyen âge, poèmes
épiques en peintures qui dominaient et écrasaient ce
barbare naturalisme, je me disais : quelle contradiction :

l'anglicanisme a pu déclarer la guerre à la foi catholique
romaine, mais il n'a pas encore pu la chasser de ses
temples; elle s'est envolée, mais pour s'attacher encore
à ses fenêtres, semblant défier ainsi le protestantisme et le
naturalisme anglican! Les chapelles de Saint-Henri,
Saint-Édouard, Saint-Paul et quelques autres ont été
moins profanées.

De tous les monuments civils de Londres, peut-être
même de l'Europe, le Parlement anglais est assurément
le plus beau. Construit en 1837 par M. Charles Barry,
l'architecture gothique en est éblouissante, et les dimensions colossales.

Ce palais occupe 3 hectares de superficie, contient
plus de cinq cents pièces, sans y comprendre onze cours
et des résidences particulières pour les grands officiers du
Parlement. Vous aurez une idée de ce magnifique monument, en vous disant que le chiffre actuel de la construction et de la décoration s'est élevé à 30 millions! et
que l'on n'a pas encore mis la dernière main à l'œuvre.

Placez-vous avec moi sur la rive gauche de la Tamise
et contemplons cette imposante façade de 287 mètres de
longueur, se terminant par deux ailes en saillies. Pour
échapper à la monotonie d'une telle façade, j'admire
l'habileté de l'architecte qui l'a divisée en trois parties
égales, en ornant chacune d'elles d'une élégante et gracieuse tourelle, qui répand sur chaque partie les attraits
et les charmes d'une reine protectrice. Les innombrables
fenêtres gothiques ressortent bien mieux; ainsi, elles
apparaissent toutes fleuries de blasons, d'armoiries,

d'arabesques, de sculptures; tous les souverains anglais, depuis Guillaume le Conquérant jusqu'à la reine Victoria, ornent les niches vraiment royales; la balustrade du toit est hérissée de pointes et d'élégants clochetons.

En faisant un pas vers le nord, à l'angle de la façade, nous nous trouvons devant la tour de l'horloge, masse puissante, mais habilement déguisée et richement décorée de légères colonnettes à fleurons, haute de 98 mètres; un cadran de 25 mètres de circonférence tout resplendissant de dorures, vous éblouit; sur ce cadran vous lisez les révolutions du temps par jours, mois, années et cycles. La cloche est la plus forte de l'Angleterre.

En passant au midi, vers le pont de *Vauxhall*, nous admirons la tour Victoria; c'est la plus grande tour carrée du monde et certainement la plus massive. Elle a 23 mètres de côté, sa hauteur est de 104 mètres; cette masse énorme est bâtie sur pilotis; on ne construisait, chaque année, que 7 mètres afin de donner au sol le temps de s'affaisser. Arrêtons-nous devant le porche d'honneur, sous lequel passe la reine pour aller ouvrir la session du Parlement. Là se dresse fièrement Léopold d'Angleterre, portant l'étendard national. Sur cet étendard veillent saint Georges d'Angleterre, saint André d'Écosse, saint Patrix d'Irlande. La tour centrale, moins haute que ses deux compagnes, a néanmoins 92 mètres de hauteur; aussi porte-t-elle dans sa forme et dans son attitude un certain air de jeunesse au milieu de ses aînées.

La façade occidentale, comme celle du midi, a bien la même dimension, mais elle n'en a pas la pureté de

Le Parlement anglais.

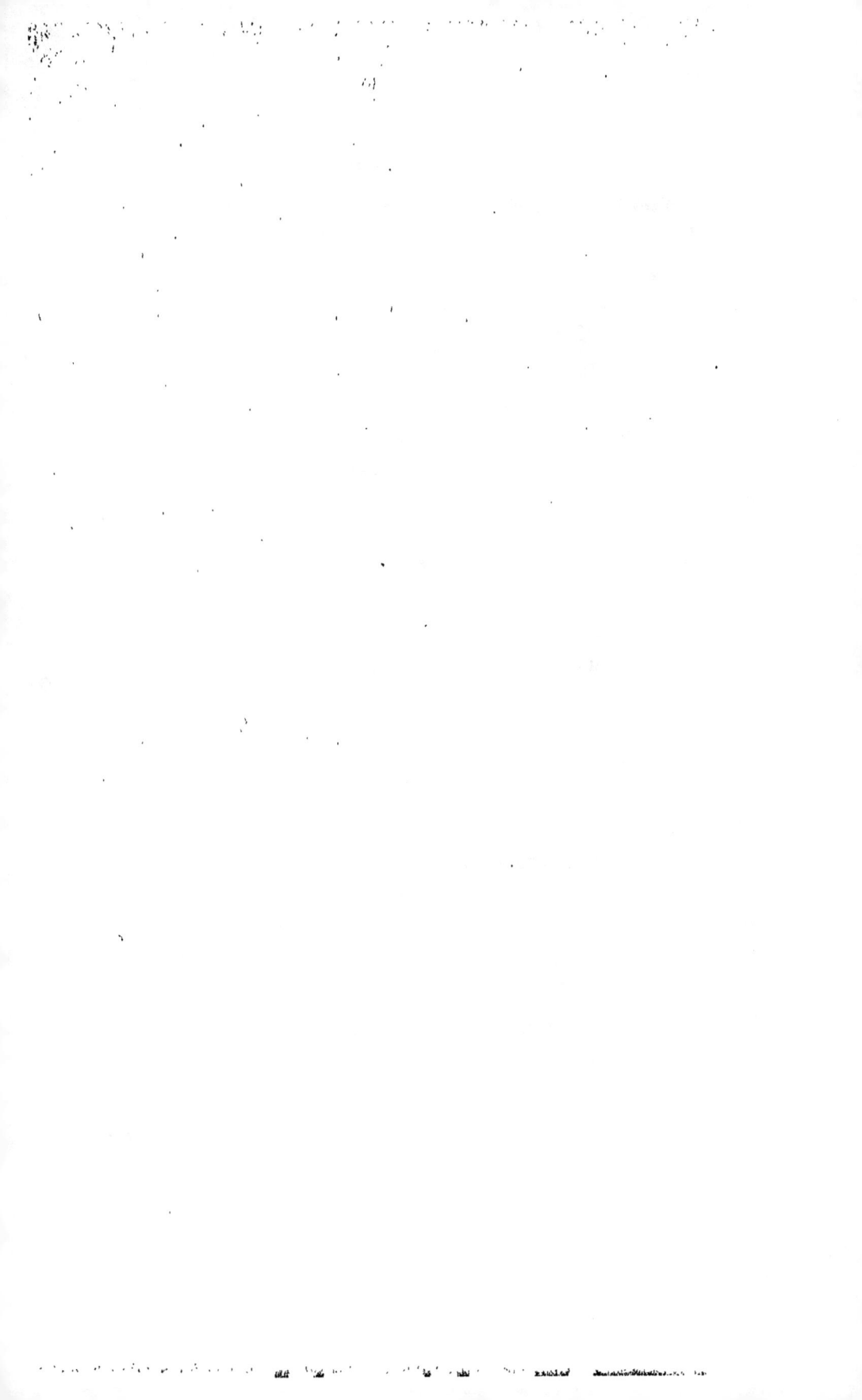

style ; elle est masquée par les piteuses constructions des cours de justice de *Westminster*, que l'on doit faire disparaître prochainement.

Tel est l'extérieur de cette énorme construction. Doit-on conclure avec M. Rousselet qu'elle n'a d'autre beauté que celle de la masse ? Non, ce serait de la partialité et faire preuve d'un manque de courtoisie. Tous ceux qui ont visité les magnifiques hôtels de ville d'*Ypres, Louvain, Bruxelles*, trouvent que le palais de Westminster l'emporte en majesté et ne le cède pas en beauté de détails à tous ces monuments. Mais est-il, comme le prétendent les Anglais, le chef-d'œuvre de l'art gothique ? Je laisse à plus expert que moi de trancher la question.

Mais pénétrons dans ce royal palais pour en contempler toutes les merveilles. C'est par le grand escalier, à gauche de la tour Victoria, que je fais mon entrée. Je me trouve tout d'abord en face des souverains normands, j'embrasse d'un seul coup d'œil toute leur histoire peinte sur les murailles. Je passe dans la galerie royale, dont les murs attendent encore les principales scènes de l'histoire anglaise ; on peut néanmoins y contempler aujourd'hui l'entrevue de Wellington et de Blücher sur le champ de bataille de Waterloo et la mort de Nelson. De cette galerie j'entre dans la salle du Prince, qui sert d'antichambre à la chambre des lords. On n'y voit que blasons, bas-reliefs entrelacés, et arabesques ; encore la reine Victoria assise sur un trône entre la Justice et la Clémence, vingt-neuf portraits de rois garnissent les panneaux de la salle ; ce sont Henri VIII, Philippe II, Louis XII, Darnley, etc...

On pénètre de là dans la chambre des lords par deux
entrées ménagées à côté de la statue de la reine Victoria.
Nous voici dans une belle salle gothique, éblouissante
de dorures et de couleurs, longue de 30 mètres, large
de 14, haute également de 14. Douzes grandes fenêtres
ogivales y versent l'air et la lumière. Les rois et les
reines d'Angleterre forment encore les sujets des vitraux.
Au centre de la salle se trouvent le sac de laine où siège
le grand chancelier d'Angleterre, et les tables de chêne
des huissiers ; les sièges des Lords sont disposés de
chaque côté sur trois rangées en amphithéâtre ; le trône
de la reine, de forme gothique, est placé sur une estrade
peu élevée dans la partie méridionale de la salle ; à côté
sont placés les fauteuils du prince de Galles et du prince
Albert. Derrière s'ouvrent trois arcades décorées de
fresques représentant le baptême de saint *Ethelbert*,
Edouard III conférant l'ordre de la Jarretière au Prince
Noir ; enfin Henri, prince de Galles, emprisonné pour avoir
osé résister au juge *Gascoigne*. L'extrémité nord de la
salle est réservée aux membres de la Chambre des Communes appelés devant la Chambre des lords. Au-dessus
de cet espace s'étendent la galerie des sténographes et
celle des étrangers faisant face au trône royal. Derrière
ces galeries trois grandes fresques à peine visibles et
correspondant à celles du côté méridional. Ici encore des
sujets symboliques tels que : l'esprit de justice, l'esprit
de religion et l'esprit de chevalerie. Entre les fenêtres et
les arcades se tiennent debout les dix-huit barons députés
vers le roi Jean sans Terre pour lui faire signer la grande
Charte.

Mais la salle des pas-perdus des lords surpasse toutes les autres en éclat et en magnificence. Depuis les portes de bronze, qui la font communiquer avec la chambre, jusqu'au pavé de mosaïque en marbre et en émail, jusqu'aux quatre candélabres en bronze doré de 5 mètres, tout est resplendissant. On entre ensuite dans la salle à manger, la buvette et la bibliothèque, dont les fenêtres ouvrent sur la terrasse du bord de l'eau. Dans le vestiaire, on se trouve en face de Moïse portant les tables de la loi. Dans le corridor, vous passez devant Charles Ier, levant l'étendard de la guerre à *Nottingham*, la défense de *Basing-House* par les cavaliers, l'expulsion des professeurs d'*Oxford*, l'enterrement de Charles Ier, les adieux de *lord et de lady Russel*, l'embarquement des *Puritains*, les milices de Londres se portant au secours de *Glocester*, le président *Lenthall* défendant les droits du Parlement contre Charles Ier. J'espère que cette galerie est bien habitée ! Elle conduit au vestibule central, pièce de forme octogone, peuplée de rois et de reines d'Angleterre. En prenant à droite, j'entre dans la salle d'attente inférieure, où je rencontre la belle statue de sir *Charles Barry*, architecte du palais. Je monte par un superbe escalier dans la salle d'attente supérieure, et je me trouve en compagnie des principales œuvres des grands poètes anglais ; c'est là que j'admirai le beau Saint-Georges terrassant le dragon, par *Watts*. En rentrant dans le vestibule, j'enfilai une galerie décorée de fresques assez médiocres pour n'en rien dire. J'aboutis à la salle des pas-perdus de la Chambre des Communes, pièce carrée

plus vaste que celle des lords, mais d'une disposition
analogue.

La Chambre des Communes offre moins de richesse
et de magnificence ; ce n'est point une chambre d'ap-
parat, mais plutôt une salle d'affaires. Le siège du
speaker occupe le fond de l'extrémité nord ; devant lui
sont les bancs réservés, à droite, aux ministres, à gauche,
aux chefs de l'opposition : au milieu de la salle est la
grande table de chêne sur laquelle est placée la masse
dorée. Les sièges des membres s'élèvent en amphithéâtre. Les sténographes et les étrangers sont placés
derrière l'estrade du *speaker*, dans une tribune, en face
de celle du public. Plusieurs issues font communiquer la
Chambre avec *New-Palace-Yard* et *Westminster-Hall*.
Cet édifice fut inauguré par Guillaume Rufus en 1099.
La nef est une des plus vastes salles dont la voûte ne
soit pas soutenue par des colonnes.

Le toit, construit en 1398, sous le règne de Richard II,
s'appuie sur une charpente composée de diverses
courbes, qui, s'élançant aussi légères que gracieuses de la
frise des murs de pierre, vont former, à leur jonction, une
espèce de voûte en ogive. Des sculptures gothiques d'un
goût exquis ornent cette remarquable charpente, construite en un beau bois de châtaignier, qui prend avec le
temps une teinte jaunâtre et que ne savent pas respecter
les araignées et la poussière, qui sont les fléaux destruc-
teurs des constructions en bois ordinaire. Il est regrettable que la hauteur de la salle ne corresponde pas à ses
autres dimensions. *Westminster-Hall* a été le théâtre de

quelques-uns des plus grands événements de l'histoire de
l'Angleterre : c'est là qu'Edouard III reçut le roi de
France Jean, fait prisonnier par le Prince Noir à la bataille
de Poitiers, où Olivier Cromwell prit le titre de Lord-Pro-
tecteur, et que, quatre ans après, sa tête, fixée au bout d'une
pique, fut placée entre les crânes de *Bradshaw et d'Ire-
ton William-Wallace, Thomas Morus ;* le protecteur *Somers*
et le comte de *Strafford* y reçurent également leur sentence
de mort. C'est là que siégeait la haute cour de justice
qui condamna Charles Ier à avoir la tête tranchée.

Bien que les palais de Londres ne soient pas des monuments au point de vue de la construction, ils méritent néanmoins la visite du touriste au point de vue historique et
de la richesse des décors.

Je commencerai par *Saint-James,* la plus ancienne résidence des souverains ; elle date, de 1532 et c'est sous le
patronage d'un saint que l'immoral Henri VIII osa la
placer. Ce n'est qu'en 1837 que la cour quitta *Saint-James*
pour *Buckingham ;* néanmoins c'est encore là le palais
officiel de la reine ; c'est là qu'elle reçoit les ambassa-
deurs et qu'elle tient ses levers. Au point de vue archi-
tectural, la mesquinerie moderne se mêle au gothique le
plus élémentaire ; mais les salles sont d'une décoration
splendide. Les villes de Lille, de Tournai, les batailles
de lord Howe et de Trafalgar, de Victoria et de Waterloo, les portraits de Georges II et de Georges III y apparaissent ; puis ce ne sont que tentures, fauteuils, trônes,
velours, satin et broderies d'or.

Buckingham, de date récente, est le palais aux colonnes

dorées qui entourent la cour d'honneur ; puis viennent
les monolithes de Carrare avec leurs chapiteaux et leurs
socles également en marbre. Dans ce palais il y a la
galerie de sculpture et celle de peinture ; dans la première sont les bustes et les statues des grands hommes
du jour ; dans la seconde on se croirait dans le Petit-Tria-
non de Versailles, au temps de Louis XV et de la Dubarry.
Dans cette salle sont représentées l'Éloquence, l'Harmonie, le Plaisir, sa naissance et ses progrès ; puis les apo-
théoses de *Spencer*, de *Shakespeare* et de *Milton*. Le salon
vert, la salle du trône et celle de la réception sont d'une
grande magnificence ; on peut y étudier l'histoire des Deux
Roses sur de superbes bas-reliefs. Ce palais renferme
encore deux merveilles : des jardins de 16 hectares, avec
une pièce d'eau semée çà et là de charmants ilots ; et des
écuries, rivales de celles de Versailles, pouvant recevoir
quarante équipages et plusieurs centaines de chevaux.

Si les plans de *Whitehall* eussent été réalisés, ce
palais eût été un des plus vastes et des plus beaux du
monde ; mais la guerre civile vint arrêter les travaux
après la reconstruction de la salle des banquets, qui avait
été incendiée. C'est dans cette salle que Charles Iᵉʳ, condamné à mort, passa ses derniers instants. La veille de
cet assassinat royal, l'échafaud fut dressé contre les
murailles de la salle, et l'on pratiqua une ouverture, par
laquelle devait passer le monarque infortuné. Un nouvel
incendie brûla le reste du vieux palais d'Elisabeth, pour
n'épargner que cette salle des banquets. L'extérieur n'a
rien de bien séduisant ; c'est un édifice à deux étages

avec colonnes et fenêtres carrées ; mais à l'intérieur on
reconnaît, au plafond, la main d'un grand maître ; au
milieu Rubens a retracé l'apothéose de Jacques I⁰ʳ; des
deux côtés les élèves du célèbre Flamand peignirent de
grandes frises avec des génies entassant des gerbes et
des fruits dans des chariots traînés par des lions, des
ours et des béliers. Les proportions de cette frise sont
si colossales que chacun des enfants mesure 3 mètres de
hauteur. C'est un édifice en briques peu gracieux ; la
nation en fit cadeau à Marborough pour le récompenser
de ses victoires. Depuis 1859 il fut transformé pour
devenir la résidence du Prince de Galles.

Le palais de *Kensington* peut être considéré comme
le frère du précédent ; ils se ressemblent et par les éléments de construction et par la forme ; il n'a d'autre
gloire que d'avoir abrité Guillaume III, Georges III, et
d'avoir vu naître la reine Victoria.

Lambeth est le palais des archevêques de Cantorbéry,
il s'élève sur la rive méridionale de la Tamise dans une
magnifique position. Il date du xiiiᵉ siècle, mais la tota-
lité n'appartient pas à cette époque. Chaque siècle y a
laissé son style ; la grande porte est du xvᵉ. Mais que
signifient ces deux énormes tours en briques qui la
dominent ? La grande salle mesure 28 mètres de longueur sur 12 de largeur et 16 de hauteur. La voûte est
riche, soutenue par des arcades semi-circulaires, en bois
de chêne et de châtaignier, ornée de pendentifs et décorée
de sculpture ; c'est dans cette vaste salle que les primats
de Cantorbéry recevaient autrefois leurs vassaux sécu-

liers et ecclésiastiques ; maintenant elle sert de bibliothèque. L'archevêque *Chicheley* en fit sa demeure ; on
y voit *Luther* et sa *femme;* le célèbre peintre Holbein
les a représentés dans une galerie qui conduit à la salle
des Gardes, pièce élégante, dont la voûte légèrement
ogivale est soutenue par des nervures en chêne d'une
grande délicatesse. Vous rencontrez là tous les archevêques de Cantorbéry, puis vous descendez pour entrer
dans la chapelle de style gothique anglais où sont sacrés
les archevêques. En sortant par la porte occidentale on
pénètre dans cette fameuse salle du Pilier auquel l'archevêque *Chicheley* faisait attacher les hérétiques, pour
leur administrer la peine du fouet. Dans ce palais il y
avait aussi la tour des récalcitrants, c'est-à-dire de ceux
qui ne voulaient pas reconnaître la suprématie de l'archevêque ; on l'appelait pour cela la tour des *Lollards.*
Les prisonniers étaient attachés à des anneaux de fer
fixés aux murailles ; telle était la tolérance anglicane.

Le palais de *Sommerset,* construit en 1545, servit de
résidence à la cruelle Élisabeth ; Anne de Danemark et
Catherine de Bragance y tinrent aussi leur cour ; le
Parlement en fit cadeau à la reine Charlotte, et en vota
aussi la reconstruction en 1779. Ce second palais coûta
plus de 10 millions ; il occupe une superficie de plus de
245 mètres de long sur 160 de large. Il possède trois
façades, dont l'une tournée vers le Strand, l'autre vers
le Wellington-street, la troisième vers le quai Victoria.
La façade du Strand présente neuf arcades en plein-
cintre : l'Océan et les huit fleuves d'Angleterre roulent

leurs flots le long des clefs de voûte; d'autres arcades
soutiennent dix colonnes corinthiennes à demi engagées
dans la façade. Quatre statues, symbolisant la Justice,
la Vérité, la Valeur et la Modération, s'élèvent sur les
colonnes du centre. Un fronton couronné par les armes
royales portées par la Renommée et le Génie complète
l'œuvre. La façade de *Wellington-street* vous présente
les statues emblématiques de Londres, Édimbourg,
Dublin, Belfast, Manchester et Sheffield. La façade du
bord de l'eau est également précédée d'une belle terrasse, reposant sur des arcades en plein-cintre. La statue de Georges II se dresse au milieu de la cour, la
Tamise coule à ses pieds. Ce palais donne encore l'hospitalité à plusieurs sociétés savantes et aux bureaux du
Gouvernement.

Grosby-Hall, palais gothique habité jadis par
Richard III, puis par l'ambassadeur Sully, est aujour-
d'hui converti en taverne ! Il est pénible de voir un restaurant installé dans cette belle nef gothique, dont la
voûte est remarquable par ses pendentifs en bois de
chêne.

Mais, après les palais de la reine, viennent ceux de
la noblesse, et ceux-ci ne le cèdent point aux palais
royaux en richesses et en splendeurs. Les citer, serait un
travail fastidieux. Il en est de même des clubs, surtout
ceux de *Pall-Mall* et *Saint-James-street*, dont l'architecture rappelle Athènes, Corinthe ou Florence. Des portiques, des colonnes, des frises, des copies de la procession
des Parthenées, du Parthenon lui-même, de la bibliothèque

de Saint-Marc de Venise, du Palais Farnèse ; puis tout
un peuple de divinités païennes, de muses, de nymphes,
d'auteurs célèbres, tels que : Homère, Virgile, Apol-
lon, Bacon, Shakespeare, Milton, Newton; on se dirait
en Grèce ou en Italie ! J'admirai toutes ces œuvres
hybrides, mais j'abandonne la responsabilité du bon
goût à nos voisins d'outre-Manche.

Quant aux édifices publics, je m'arrêterai seulement
devant les plus renommés ou ceux qui offrent un caractère particulier.

Voici *Guildhall.* L'architecture en est assez bizarre. Qui
s'attendrait à voir des minarets se dresser au-dessus de
fenêtres ogivales ? La grande salle toutefois présente
une superficie telle que six ou sept mille personnes y
sont à l'aise. C'est là que se tiennent toutes les fêtes de
la Cité, que l'on prépare les élections au Parlement ;
qu'on tient les grandes assemblées des corporations. Au
fond de la salle s'élève une estrade, entourée d'une
balustrade et de panneaux en chêne ; là siègent le lord
maire, les aldermen et les shérifs ; à l'extrémité opposée
se dressent deux colosses, *Gog* et *Magod*, que l'on pro-
menait autrefois dans la ville, lors des grandes proces-
sions du lord maire. Nelson, Wellington, lord Chatam,
William Pitt y ont naturellement leur place ; c'est dans
cette salle que, chaque année, le 9 novembre, le lord
maire donne un somptueux dîner, selon l'étiquette du
moyen âge.

La salle du chambellan renferme tous les diplômes de
droits civiques accordés aux célébrités étrangères. La

nouvelle bibliothèque date de 1872 ; l'antichambre est
décorée de quelques toiles représentant les fêtes de la
Cité ; on y voit aussi les bustes de *Nelson*, de *Cromwell*,
de *Havelok*, de *Sharpe*, de *lord Brougham* ; la salle splendidement décorée, reçoit le jour par deux grandes
fenêtres à vitraux ; trente mille volumes encadrent les
murailles ; la salle inférieure renferme les chartes et les
documents les plus importants qui appartiennent à la
ville. Au même niveau et au nord, on trouve la salle
du musée des antiquités de Londres.

En quittant *Guildhall*, je ne pouvais me dispenser de
faire une visite à *Mansion-House*, splendide résidence du
lord maire. Ce magistrat a bien droit aussi aux colonnes
corinthiennes et au fronton triangulaire grec, avec des
attributs qui représentent le triomphe de la cité. Le luxe
de cette demeure ne laisse rien à désirer, les salons se
succèdent, salon vénitien, salle de bal, salon de réception, etc.

L'hôtel des Postes est un monument qui n'a peut-être
pas son pareil dans le monde, pour la dimension et pour
la commodité. Il mesure 119 mètres de long sur 40 de
largeur et 20 de hauteur ; deux ailes encadrent cette
immense façade. L'entrée du portique donne accès dans
un large corridor ; à droite s'ouvrent les bureaux des
journaux et des lettres pour le district de Londres ; à
gauche sont les bureaux des journaux et des lettres
pour les provinces, l'étranger et les stations maritimes.
Au-dessous du grand corridor, un tunnel et un rail-way
font communiquer les bureaux des deux ailes. L'édifice

est à l'épreuve du feu par des machines ingénieuses qui
peuvent conduire instantanément l'eau dans les combles.
On compte dans les bureaux près de mille becs do gaz.

La Banque d'Angleterre, dit M. L. Faucher, est le
plus grand dépôt de capitaux qui existe, non seulement
dans le Royaume-Uni, mais dans le monde entier. Placée au-dessus de tous les établissements de crédit,
comme un surveillant et un arbitre, la banque n'est elle-
même ni contrôlée ni, à quelques égards, limitée dans
son droit d'émission. Elle peut, à son gré, inonder le
royaume de son papier ou le retirer de la circulation,
et possède ainsi, presque sans partage, cet immense pouvoir de changer le prix des choses, soit en resserrant,
soit en dilatant le mouvement des capitaux. Elle est le
caissier du gouvernement, de même que les banquiers
sont les caissiers du public. Elle est chargée d'opérer
le recouvrement du revenu pour le compte de la trésorerie et de verser dans les mains des comptables les
fonds dont la trésorerie a ordonné les payements; elle
sert les intérêts de la dette. Pour prix de ces fonctions,
qui entraînent des frais considérables, et qui engagent
d'ailleurs la responsabilité de la banque, le trésor lui
paye une indemnité annuelle de 1,700,000 francs.

Quant à l'édifice, il couvre un hectare et demi avec
des façades de 100 à 134 mètres; de vastes bureaux et
de grandes salles y sont aménagés; on y compte huit
grandes cours. Le bâtiment ne comporte qu'un rez-
de-chaussée, mais très élevé, avec des caves et des
salles souterraines; c'est dans cet hôtel que se trouve

une horloge, chef-d'œuvre de mécanique, qui montre l'heure sur quatorze cadrans placés dans seize bureaux à de longues distances. Il y a encore là une grande profusion de colonnes, de statues emblématiques, telles que les quatre parties du monde, la Tamise, le Gange, etc. Les caves, où sont les lingots et les billets, sont disposées comme des mines ; on y descend par un puits et l'on y voit des machines fort curieuses inventées pour le pesage de l'or ! Cet établissement est dirigé par un gouverneur, un sous-gouverneur et vingt-quatre directeurs.

Je ne dirai rien de la Bourse royale ni de la Bourse des fonds publics, ce sont des édifices comme on en rencontre partout. Je ferai une exception pour la Bourse des charbons ; celle-ci a un cachet particulier par son élégance : vous arrivez par un escalier de fer dans un vestibule dont la voûte est ornée de peintures allégoriques qui représentent la Richesse et l'Abondance ; puis vous entrez sous une charmante rotonde, dont le parquet affecte la forme d'une boussole ; c'est une vaste mosaïque, composée de plus de quarante mille morceaux de bois de chêne, retirés du lit de la Tym ; au centre sont encastrés une ancre et les armes de la cité ; la dague est représentée par un morceau de bois d'un mûrier planté par Pierre le Grand, lors de son séjour en Angleterre. Autour de la salle règnent trois galeries de fonte. La lumière descend du dôme à travers des verres de couleur jaune orange. Vous voyez sur des panneaux en chêne, la Charité, la Persévérance, la Prudence, le père

Tamise, les naïades du *Severn*. Tout ce qui a rapport au charbon de terre y occupe une place connue; les houillères de *Walsend*, les ports de *Newcastle* et de *Durham*, les plantes fossiles de la houille, les instruments des mineurs.

Vous jugerez de l'importance de la douane quand vous saurez qu'elle occupe neuf cents employés, mille domestiques ou hommes de peine.

L'hôtel de la Monnaie est remarquable par des machines mues par la vapeur, que l'on n'a pas encore remplacées depuis cinquante ans. Elles peuvent frapper 1,250,000 pièces, en vingt-quatre heures. Les hôtels des corporations mériteraient aussi une visite, car ils sont très luxueux, mais ils sont trop nombreux.

Il faudrait des volumes consacrés à l'étude de la société et de l'administration anglaise, mais, comme ce n'est pas le but de cette publication, j'en parlerai d'une manière brève et intéressante.

A Londres, comme ailleurs, on aime la distraction. Or le théâtre prime ordinairement tous les autres amusements: aussi je ne connais pas de villes où il y ait autant de théâtres qu'à Londres. Après les théâtres officiels, vient le théâtre de Sa Majesté, où des loges ont été achetées jusqu'à 200,000 francs; le théâtre Royal-Italien, qui peut rivaliser avec ceux de San-Carlo à Naples, de la Scala à Milan; le lustre seul se compose de cent vingt mille prismes de verre; 3,500 personnes y trouvent place. L'aristocratie n'a qu'à sortir de ses palais pour entrer au théâtre. La bourgeoisie a les siens, le peuple les siens, chaque quartier a son théâtre.

L'amphithéâtre jouit également d'une grande vogue; l'un est en permanence à *Westminster-Bridge-Road;* l'autre à *Oxford-circus. Piccadily, Regent's-street, Portman-square* ont la spécialité des spectacles de curiosités. Celui qui vient à Londres ne manque jamais de visiter la charmante galerie de figures en cire de Mme Tussaud; c'est là que j'ai vu pour la première fois la reine Victoria entourée de toute la famille royale. Les deux salles de Napoléon renfermant ses meubles, ses deux voitures prises à Waterloo, le lit de camp sur lequel il est mort! Et la chambre des horreurs, c'est-à-dire des meurtriers célèbres; jusqu'à la guillotine qui servit à l'exécution de Louis XVI.

Les concerts sont encore très fréquentés par la haute société; la magnifique salle *Royal-Albert,* construite en amphithéâtre, renferme cinq mille huit cents places. Les congrès, les grandes réunions artistiques ou scientifiques et les concerts populaires se réunissent dans cette salle. L'orchestre peut contenir mille exécutants; l'orgue avec ses neuf mille tuyaux, est réputé le plus grand du monde. *Exeter-Hall,* qui peut contenir quatre mille personnes, est affecté exclusivement aux sociétés religieuses, telles que la Société d'harmonie religieuse, la Société chorale, dont les chœurs comptent parfois plus de sept cents voix. *Queen's-Concert-Rooms* et *Willis-Rooms* sont ouverts aux concerts particuliers, aux bals de souscription. C'est dans cette salle que, pendant la saison fashionable, ont lieu les célèbres bals d'*Almack*, où la haute société de Londres se donne rendez-vous. *Royal-Aquarium* a été créé pour faire concurrence au Palais de Cristal et au palais Alexandra. Le Café-Concert, où l'on joue la musique italienne, allemande et anglaise, où l'on donne des danses, des exercices acrobatiques qui sont innombrables. Ces tavernes musicales sont les vrais concerts du peuple ; quant aux bals publics, ils ont été fermés par l'autorité.

A Londres, les arts, les sciences et les lettres sont en honneur ; on se croirait à Rome où à Florence, tant les musées sont multipliés ; la nation a les siens, les riches ont les leurs. Il s'établit entre eux certaine rivalité artistique tant les fortunes sont communes.

Certainement *British-Museum* prime tous les autres par ses vastes et multiples collections. Chaque peuple y a sa place, ainsi que toutes les villes du monde. Car, quel est le coin du globe que les Anglais n'aient exploré ? D'ailleurs, par nature, ce peuple est méthodique et collectionneur. Dans le Muséum, chaque branche artistique y est représentée. La sculpture, l'ethnographie, la zoologie, la minéralogie, les collections de vases, de médailles, de monnaies, d'estampes, de livres, de manuscrits, tout s'y trouve dans un ordre parfait ; et qui voudrait faire une étude approfondie de toutes ces richesses, devrait s'armer de patience et y employer bien des années. Quant à moi, je promenai mes regards sur tous ces trésors en admirant l'intelligence de ces opiniâtres collectionneurs.

L'État n'a point que son Muséum, il a sa galerie nationale à *Trafalgar-square*. Elle date de 1824 ; elle a commencé avec les trente-huit tableaux de M. *Angerstin ;* en 1872, elle en comptait plus de neuf cents. Pour peu que la munificence particulière se multiplie, la galerie dépassera bientôt toutes ses rivales en Europe.

L'État a aussi son musée populaire, à *South-Kensington* et voici ce qui a donné lieu à sa formation : à l'Exposition de 1851, les produits manufacturés de la Grande-Bretagne étaient égaux et même supérieurs aux autres produits, mais ils manquaient de grâce et de bon goût ; l'opinion s'en émut ; alors des écoles de dessin furent établies sur toute la surface du royaume, et le musée actuel fut ouvert dans le but de faire l'éducation artistique du peuple anglais. Aussi trouvez-vous dans ce musée des modèles de tous les arts et métiers depuis l'architecture jusqu'à la sculpture et la peinture la plus fine. Il y a une salle des conférences, un musée d'éducation, une bibliothèque ; chaque citoyen y rencontre tous les grands hommes de l'Angleterre. *Bethnall-Green* n'est qu'une succursale de *South-Kensington ;* on a voulu que les quartiers pauvres ne fussent point privés de ce mode d'éducation. Ce musée ne s'alimente que d'objets d'art prêtés en partie par *Richard Wallace*, héritier du marquis d'*Hertford*.

L'État a son musée des savants ; le musée de géologie pratique est encore une succursale de *South-Kensington ;* on y trouve les spécimens de toutes les pierres à bâtir de la Grande-Bretagne, porcelaines, faïences anciennes et modernes, vases de tous pays, objets d'art en fer et en bronze, en métaux galvanisés, minéraux, cristallisations, pierres précieuses ; on y voit même tous les modèles des machines et des outils qui servent au travail des mines et des carrières ; toute la série des fossiles britanniques occupe les galeries supérieures ; j'ai rencontré le plan de l'Ile Bourbon que j'ai habitée pendant six ans.

Que dire de sir *John-Soane*, ce savant qui consacra la plus grande partie de sa vie et 1,250,000 francs à la formation d'un musée qu'il légua à l'État ? Voilà de la grandeur et de la munificence ! L'intérieur de ce musée, dit M. *Sannders*, est une suite extraordinaire de petits salons, de petits boudoirs remplis d'une multitude innombrable de petits objets entassés sans ordre ; toutes ces petites salles sont décorées de noms fantastiques : le parloir du moine, les catacombes, la chambre sépulcrale, la crypte, l'asile de *Shakespeare*. Du reste aucun ordre ni dans les appartements ni dans le catalogue. On ne voit qu'antiquités égyptiennes, grecques, romaines, sculptures modernes, pierres précieuses, camées, livres rares, manuscrits, peintures, modèles d'architecture ; murailles, cabinets, recoins, plafonds, tout disparaît sous les objets de curiosité. Par un ingénieux emploi de panneaux mobiles s'ouvrant comme des volets, on a réussi à augmenter du double la superficie des parois.

Si la Métropole ne possédait pas un musée des Indes, il y aurait une lacune qu'elle s'est empressée de combler : le ministère des Indes, au troisième étage, renferme ce curieux musée. Toutes les collections, de provenance

indienne, occupent huit petites salles et sont rangées
dans des armoires vitrées et des tablettes-vitrines. Le
musée du service-uni est aussi des plus intéressants. On
y voit le poignard à coquille, dont se servit Olivier
Cromwell au siège de *Droghida;* l'épée du général *Wolf*
à la bataille de Québec ; une partie du Pont de la Victoire, où fut frappé Nelson ; le squelette du cheval que
montait Napoléon à Marengo ; un plan en relief de la
bataille de Waterloo. Un musée non moins remarquable
sous le rapport ethnologique, c'est celui des *missionnaires
anglais* dans toutes les parties du monde ; s'ils ne sont
pas des convertisseurs d'âmes, ils sont de bons collectionneurs d'amulettes, de gris-gris, d'idoles et autres
objets servant au culte et aux cérémonies des peuples
païens, surtout de ceux qui habitent l'Afrique et les mers
du Sud.

Telles sont les richesses artistiques de l'État. Quant
aux galeries particulières, elles sont innombrables et
du meilleur choix. La galerie *Buckingham,* prétend
M. Viardot, est la collection la plus exquise ! Sans doute
elle est restreinte par le nombre de ses cadres ; mais
qu'elle est grande par le goût sévère et judicieux qui
les a fait choisir. Rien n'y est douteux ou faible ; tout
est authentique et excellent. La galerie *Hertford* de
sir Richard Wallace embrasse toutes les écoles modernes
et contient plus de six cents tableaux. Après celles-ci
viennent les galeries de *Bridgewater*, au duc d'Ellesmare,
comprenant plus de trois cents tableaux ; la galerie de
Grosvenor, au duc de Westminster ; la galerie de *Stafford,*

au duc de ce nom; enfin celles des comtes *Grey*, *Landwne*, d'*Apsley* et bien d'autres.

Les sciences sont également honorées; la Société Royale de littérature est la vraie Académie anglaise; elle compte près de huit cents membres élus au scrutin; c'est la sœur de notre Académie française; elle s'occupe aussi de la rédaction d'un dictionnaire. Le but de l'Institution Royale, est de populariser l'enseignement, d'encourager les inventions. On y fait des cours publics et des expériences pour l'application de la science aux besoins ordinaires de la vie. La *Société Linnéenne* s'occupe de toutes les branches de l'histoire naturelle et surtout de la botanique. Elle est en possession de la bibliothèque et de l'herbier de Linné. Sept cents membres forment la Société géologique. Parlerai-je des Sociétés de Géographie, d'Astronomie, d'Agriculture, d'Horticulture, de Zoologie? Est-il une science qui n'ait ses adeptes et ses vulgarisateurs? Il y a l'école des médecins, des vétérinaires, des chirurgiens, des antiquaires, des armoiries, des institutions pour toutes les classes. Les savants ont cent bibliothèques sous la main; les femmes ont les livres de l'association des dames; les artisans ont une bibliothèque de six mille volumes, et ce mode d'instruction s'est répandu dans tous les quartiers de la Métropole. Qui ne connaît l'observatoire de *Greennwich*, l'Académie Royale des Arts, l'Académie Royale de Musique?

Il est peu de villes où l'instruction soit plus répandue qu'à Londres. Outre l'université de Londres et le

collège de l'Université, qui délivrent des diplômes, il y
a le collège du Roi, le rival de l'Université; la Char-
treuse, l'hôpital du Christ, peuplé de quinze cents élèves,
et les écoles de Westminster, de Saint-Paul, destinées aux
fils de haute famille ! La bourgeoisie a aussi ses écoles;
car il y a l'école des merciers, l'école des marchands
tailleurs, l'école de la cité, fondée au moyen d'un legs
de *John Carpenter*, secrétaire de la ville de Londres. Les
enfants des ministres protestants ont aussi leur collège,
c'est celui de *Sion* dû à la munificence de *Thomas White*.
Les pauvres n'ont pas été oubliés; ils ont les écoles
mutuelles de Lancaster, au nombre de plus de deux cents,
réunissant plus de trente mille élèves ! Celles du
dimanche, au nombre de six cents, reçoivent plus de
cent mille élèves des fabriques; les écoles de la Société
nationale, au nombre de deux cent cinquante, contiennent
plus de quarante mille enfants. Il y a même les écoles des
déguénillés dans les quartiers les plus misérables. Quand
ils quittent l'école, la plupart de ces enfants sont enré-
gimentés dans la brigade des décrotteurs et des
balayeurs; on les reconnaît à leur costume entièrement
rouge. Ils gagnent, en moyenne, 2 shillings par jour.

   Malheureusement le bien ne se fait plus à Londres par
charité, mais par philanthropie; que de mérites perdus
pour le ciel ! car elles sont incalculables les œuvres de
bienfaisance. Londres possède : mille quarante-deux établissements de bienfaisance, cent quatre-vingt-un hôpitaux, cinq cent vingt-sept sociétés philanthropiques,
trois cent vingt-quatre établissements pour l'éducation

des classes pauvres ; les revenus, y compris les dons,
les quêtes dans les églises dépassent 175 millions; le
nombre des personnes assistées pendant l'année s'élève,
en moyenne, à cent cinquante mille. Les hôpitaux se
subdivisent ainsi : vingt-deux hôpitaux généraux, qua-
rante-neuf hôpitaux spéciaux, trois hospices d'aliénés,
cinq hôpitaux pour les enfants, six maisons de maternité
et trente-trois dispensaires gratuits. Le nombre total des
lits est de sept mille huit cents ; ils reçoivent annuellement soixante-quatre mille malades et distribuent des
médicaments à douze cent trente mille personnes.

Il y a une notable différence entre le régime hospitalier de Londres et celui de Paris ; à Paris, c'est la muni-
cipalité qui fait tous les frais de la bienfaisance publique ;
c'est le gouvernement qui nomme les directeurs de l'administration centrale. A Londres, au contraire, le gouvernement n'intervient que pour les établissements qui
sont à sa charge. Les autres, et c'est la grande majorité,
dépendent, pour leur création comme pour leur entretien, de la bienfaisance privée. Quelques-uns de ces établissements remontent à une haute antiquité et possèdent
la source même de leurs propres revenus ; c'est encore
là une trace du catholicisme dans ce pays. Quant aux
autres, ils sont créés et soutenus par des donations, des
legs, des souscriptions annuelles et volontaires. Ils sont
administrés par les souscripteurs eux-mêmes, qui
forment et délèguent un comité dans ce but. Je n'entre-
rai point dans l'énumération de tous ces établissements ;
leur nombre dit assez haut ce qui se fait de bien à

Londres; que serait-ce si cette île redevenait l'Ile des Saints?

Un des monuments les plus intéressants de la Métropole, c'est assurément la tour de Londres; elle rappelle ses origines, elle est, en quelque sorte, l'abrégé de toute son histoire. Selon toute probabilité, ce fut le berceau de la grande ville; c'est là que l'invasion romaine débarqua et s'établit. On y retrouve encore les vestiges de leurs anciennes murailles et des quinze tours qu'ils avaient élevées de distance en distance. C'est sur ce point que se dirigèrent, dans la suite, tous les envahissements. C'est là que Guillaume et les Normands débarquèrent. Il comprit si bien que c'était la clef du pays, qu'il bâtit cette fameuse tour, près de laquelle se sont toujours débattues les solennelles destinées du pays; et aujourd'hui encore elle est considérée comme la citadelle de la Métropole; aussi dépend-elle directement de l'autorité militaire. On y a établi plusieurs casernes, les bureaux de l'intendance militaire, l'arsenal, un musée d'armes anciennes; c'est dans la tour de Londres que sont déposés les joyaux de la couronne, comme le lieu le plus sûr de la capitale.

Sur ce coin de terre, la tour est considérée comme la fidèle sentinelle de la cité ; aussi tout un vaste système de fortifications l'entoure et la protège. Deux énormes pentagones, tournant leur base vers la Tamise, enveloppent 4 hectares 80 ares de terrain. Le pentagone intérieur, flanqué de tours nombreuses, forme la ceinture de l'énorme masse carrée de la tour blanche, des casernes, de l'église et des bâtiments épars, qui apparaissent comme un village en ruines. Au-delà des murailles se déroulent d'élégants jardins et une belle place d'armes.

En franchissant le pont-levis, à l'angle sud-ouest, on pénètre dans le passage étroit qui serpente autour de la forteresse, entre l'enceinte extérieure et l'enceinte intérieure. La première tour à gauche est celle de la cloche d'alarme ; c'est là qu'Élisabeth fut retenue prisonnière par sa sœur Marie. Engageons-nous dans le chemin de ronde. Voici la *porte des traîtres*, qui s'ouvre dans l'enceinte extérieure, sous la *tour Saint-Nicolas*. C'est une belle voûte abritant un large escalier que baignaient autrefois les eaux de la Tamise. Par là passaient les prisonniers accusés de haute trahison, conduits en barque de Westminster. En face de cette porte se dresse la *tour sanglante*, où furent assassinés les deux jeunes enfants d'Édouard IV, par ordre de leur oncle Richard III. La plus proche de celle-ci est la *tour Wakfield* ou des Archives. C'est là que fut commis l'assassinat de Henri VI. De la tour sanglante on passe sous la herse, et l'on monte par de larges escaliers de pierre sur le champ de parade, qui occupe le milieu de l'enceinte ; en face s'étendent des casernes dans le style gothique.

A droite s'élève, comme un colosse, l'énorme édifice quadrangulaire de la Tour blanche ; quelle masse imposante ! dominant de toutes sa hauteur les quatre tourelles des angles. Voici les entrepôts du gouvernement ; le musée des armures, construction moderne, adossée à

la muraille méridionale de la Tour blanche ; la salle des
cavaliers vous représente un escadron de chevaliers du
XIIIᵉ siècle, armés et cuirassés, sur des chevaux bardés
de fer. Cette étude des rois chevaliers vous donne une
idée des différentes armures de chaque siècle.

Nous montons l'escalier à gauche qui conduit dans
une petite salle carrée ; elle renferme les armes indoues,
chinoises, japonaises, javanaises et malaises, très fines
et très artistement travaillées ; un canon de bronze, d'un
beau travail, pris par les Français à Malte, mais repris
par les Anglais ; sous des vitrines, sont enfermées, comme
des reliques, quelques armures portées par le duc d'York
et les généraux Wellington et Wolf.

De cette salle, une porte nous introduit dans la salle
de la reine Élisabeth, étroite chambre qui se trouve à
l'intérieur de la Tour blanche. Le premier objet que nos
yeux rencontrèrent fut l'affreux billot de chêne qui ser-
vait aux exécutions capitales ; il est encore tout maculé
du sang des victimes. Cette salle renferme, disposées en
panoplies, toutes les armes offensives employées dans la
guerre avant l'invention des armes à feu. Tous les instruments de torture, les poucettes, le collier, le joug, la
cravatte et d'autres engins, productions de l'enfer. A
gauche s'ouvre le noir cachot où la cruelle Élisabeth
tenait sous les verroux l'infortuné *Watter-Ruleig ;* à
cheval et superbement vêtue de brocart d'or, elle semble
encore garder à vue son prisonnier.

En entrant de nouveau dans la Tour blanche, nous
descendîmes un escalier en spirale qui nous conduisit à

la chapelle Saint-Jean, modèle d'architecture normande, assez médiocre avec une petite nef, flanquée de bas-côtés étroits, terminée par une abside circulaire, et des colonnes courtes, couronnées de grossiers chapiteaux. Nous montons ensuite à la salle des banquets et à celle du Conseil; notre surprise fut grande en nous trouvant devant un arsenal renfermant plus de soixante mille fusils nouveau modèle.

A notre sortie, nous arrivâmes devant la chapelle Saint-Pierre ; c'est là que furent ensevelies *Anne de Boleyn, Catherine Howard, Jane Grey* et toutes les autres victimes de l'infâme Henri VIII. On y montre encore le pavé où se dressait l'échafaud sur lequel on décapitait les condamnés. Nous descendîmes quelques marches et nous entrâmes dans la tour de Beauchamp où sont encastrées dans la muraille les signatures des prisonniers fameux: *Jean Dudley*, comte de *Warwick; Bovard*, comte d'*Arundel*, et *Robert Dudley*, comte de *Leicester* ; on y montre encore le cachot d'*Anne de Boleyn*. Nous passons devant les ruines de la tour *Boweyer*, où le duc de *Clarence* fut noyé dans un tonneau de malvoisie; nous traversons la place d'armes, et, au pied de la tour *Wakfleds*, le gardien sonne, et une petite porte s'ouvre ; nous montons quelques degrés, et nous atteignons la salle des Joyaux.

Les voici sur une étagère recouverte de velours cramoisi renfermés dans une double cage de verre et protégés par de lourds barreaux de fer. Le plus resplendissant de tous est la nouvelle couronne impériale de la reine Victoria. L'argent rehaussé de diamants et de

velours pourpre, forme l'encadrement ; sur la petite boule
du sommet se dresse une croix de diamants, au centre
de laquelle scintille, comme une étoile, un radieux
saphir ; sur le devant étincelle le précieux rubis, en
forme de cœur, porté par le *Prince noir*. La valeur est
2,800,000 francs. Au-dessous de la couronne se croisent
deux sceptres décorés des plus fines pierreries. Au centre
des deux sceptres, la sainte ampoule, vase d'or pur,
d'une haute antiquité, à la forme d'un aigle, aux ailes
déployées ; ce vase contient l'huile que l'on verse sur la
tête des rois au jour de leur couronnement. Un peu au
dessous, le bracelet du *Kohinoor*, contenant le fameux
diamant indien, véritable soleil. Puis les deux globes qui
se regardent et se renvoient mutuellement l'éclat de
leurs pierreries et de leurs améthystes, le sceptre de la
reine du plus pur ivoire et se terminant par une colombe
d'onyx d'une blancheur éblouissante. Je fus heureux de
m'incliner devant le sceptre de saint Édouard, portant
une relique de la vraie croix ; il est digne de notre grand
saint Louis. Je remarquai aussi des fonts baptismaux
en argent doré ; l'ancienne couronne impériale de
Charles II ; celle de saint Édouard ou du Prince de
Galles ; le diadème de la reine, fait pour Anne de
Boleyn ; enfin la vaisselle du sacrement ainsi que les
épées de la Justice et de la Miséricorde. La plupart de
ces joyaux servent dans les cérémonies officielles ; leur
valeur totale est estimée à plus de 75 millions. Les gardiens de la Tour portent le costume du moyen âge.

Je ne dois pas oublier les halles ou marchés de Londres,

car je ne pense pas qu'ils aient leurs pareils en Europe.
Londres, dit M. Rousselet, dévore, en moyenne, chaque
année, trois cent vingt-cinq mille bœufs, cinquante mille
veaux, deux millions deux cent mille moutons , quarante mille porcs. La consommation de la viande de
boucherie est évaluée par les statisticiens à 140 kilogrammes par tête. L'ensemble de cet énorme approvi-
sionnement représente environ 450 millions de francs.

L'importation des volailles et du gibier atteint le chiffre
énorme de huit millions de pièces ; les poissons et les
coquillages sont importés en si grandes quantités que
plus de trois millions de saumons sont envoyés, chaque
année, d'Ecosse, d'Irlande, de la Scandinavie. Des milliers d'embarcations, n'ayant pour tout chargement que
des homards et d'autres crustacés, forment une grande
partie de la nourriture des classes pauvres, et abordent
près des quais de *Billingsgate-market.*

Le lait entre pour 10 millions d'hectolitres dans la
consommation. Les œufs, qui forment aujourd'hui une
des bases de l'alimentation anglaise, viennent principalement des départements agricoles de la Somme, du Pas-
de-Calais, de la Seine-Inférieure, du Calvados et de la
Manche. Le nombre total des œufs importés, chaque
année, dépasse 200 millions. La consommation du beurre
est estimée à 19 millions pour 950,000 kilogrammes ; celle
du fromage à 19 millions pour 142,000 kilogrammes. Le
poids des principales espèces de légumes, vendus sur
les marchés de Londres, dépasse 450,000 tonnes. A lui
seul, le cresson vendu pèse de 8 à 900 tonnes.

Les fruits s'élèvent à un total de 50,000 tonnes. La consommation des liquides n'est pas moins considérable. La quantité consommée dans les onze mille tavernes et les quatre cent mille maisons particulières dépasse 200 millions de litres. Les spiritueux peuvent être évalués à près de 2 millions de litres ; le vin, relativement à la bière, est une rareté, il n'est bu que par la classe moyenne et les riches.

L'importation annuelle du charbon de terre dépasse 4 millions de tonneaux ; les trois quarts environ sont apportés par des navires de *Newcastle*, de *Sunderland* de *Hartlepool;* le reste est expédié par le chemin de fer.

Saint-Pierre de Rome occupe une superficie de 21,000 mètres carrés et peut abriter cent mille hommes ; le plus grand marché de Londres couvre 37,000 mètres de superficie : c'est une véritable ville avec ses rues, ses maisons et ses boutiques. Imaginez-vous un immense parallélogramme, flanqué, à chacune de ses extrémités, d'une tour de plus de 50 pieds de haut, coiffée d'un campanile octogone, couronné lui-même d'un léger dôme, étincelant par ses lames de cuivre; c'est du roman allié au dorique. Je m'engage dans une allée principale, qui me représente une rue d'Athènes, car à droite et à gauche est une série de colonnes soutenant une toiture de fer d'un travail ingénieux et d'une délicatesse exquise ; les arcs et les segments de cercle disparaissent sous une élégante ornementation. Le jour et la ventilation arrivent d'en haut par de larges mansardes ouvertes dans la toiture. Londres, Liverpool, Dublin et

Edimbourg gardent les deux entrées de la grande allée.
Celle-ci est coupée par six avenues parallèles; dans ces
avenues cent soixante-deux blocks ont été installés pour
les marchands, ils mesurent 10 mètres sur 5. Douze
bouches hydrauliques, à jet continu et à haute pression,
lavent incessamment le marché, en même temps qu'elles
le garantissent contre l'incendie. A chaque étal corres-
pond une chambre au premier, pour y prendre ses repas;
on y installe même ses teneurs de livres. Au-dessous de
ce gigantesque monument se prolongent d'interminables
caves, véritables catacombes, en correspondance avec tous
les chemins de fer de la capitale, qui amènent les *trucks de
viande*; puis là une machine hydraulique les fait monter
à l'étage supérieur, où leur contenu est déchargé et
réparti entre chaque boutique.

Le marché métropolitain ne le cède à celui-ci ni en
étendue ni en commodité. Sur une étendue de 30 hectares
on peut y loger sept mille bœufs, deux mille veaux,
trente-cinq mille moutons, quatre mille porcs. Au centre
s'élève l'élégante tour de l'horloge; elle domine et
semble protéger toute une cité de bureaux et de boutiques, qui s'appuient à ses flancs et forment un vaste
octogone. On y voit des bureaux de renseignements
appartenant aux principales compagnies de chemins de fer,
un télégraphe électrique, six banques de payement, une
boutique pour la vente des drogues et des médicaments
à l'usage des bestiaux.

Le marché de *Billingsgate* est spécialement réservé
à la vente des poissons et coquillages. A l'étage supé-

rieur, la vente du poisson ; à l'étage inférieur, la vente
des coquillages. Ici se retrouve encore l'esprit pratique
des Anglais ; comme il faut au poisson un air pur et de
la propreté, deux appareils d'aérage aspirent l'air de
l'étage inférieur et le chassent par la cheminée d'aspira-
tion ; en une minute 1,300 mètres cubes d'air vicié
peuvent être expulsés ; deux filtres placés près du lit de
la Tamise peuvent filtrer, en une heure, environ
350,000 litres d'eau ; alors une pompe centrifuge élève
la quantité nécessaire pour laver le poisson, nettoyer le
marché et entretenir partout la propreté.

Les volailles, le beurre fin et le meilleur gibier se
trouvent au marché de *Leadenhall*, qui est spécial au
centre de Londres, comme celui de *Covent-Garden* est
le marché aux légumes, aux fruits et aux fleurs. Quant
à ces dernières, elles ont un gracieux palais de fer et
de verre ; et cette construction est sans contredit la plus
gaie et la plus élégante ; Flore et Pomone n'eurent jamais,
dans l'antiquité, de temple aussi gracieux. On se promène avec plaisir dans cette serre gigantesque qui
semble un Eden improvisé.

Tattersall a une autre spécialité non moins intéressante ; c'est au *groom du duc de Kingston* que l'on doit
ce célèbre marché, qui est une succursale du Jockey-
Club ; là se donnent rendez-vous, deux fois par semaine.
tous les amateurs d'*hippiatrique*, depuis le lord jusqu'au
tavernier. Le nombre des membres est environ de trois
cent cinquante ; *Tattersall* est une espèce de bourse où
se règlent tous les paris du Royaume-Uni. Tels sont les

grands marchés de la Métropole, et il n'est point de
quartier qui n'ait le sien.

Le touriste qui irait à Paris sans visiter Versailles
reviendrait incomplet; je dirais la même chose de celui
qui irait à Londres et ne visiterait pas *Windsor*. Aussi,
ma première excursion fut pour ce beau palais qui ne
ressemble en rien à celui de Versailles. D'abord Guillaume le Conquérant avait choisi ce terrain comme
point stratégique; il l'acheta à l'abbaye de Westminster,
et y fit bâtir une forteresse. Mais c'est surtout Édouard III,
né à Windsor, qui songea à convertir cette place de
guerre en un palais de plaisance, c'est à lui que *Windsor*
doit ses plus importantes constructions; Édouard IV
bâtit la chapelle Saint-Georges et le mausolée daté de
Henri VII; la terrasse septentrionale est l'œuvre
d'Élisabeth; Georges IV fit réparer le palais, changea
la disposition des salles, et les appropria au goût et aux
exigences du jour. Assis sur une colline dominant la
vallée de la Tamise, le château est d'un aspect sévère
et imposant; vu de loin, avec ses terrasses, ses murailles,
ses clochetons, sa grande tour ronde et ses innombrables
tourelles, il rappelle encore le château fort et le donjon
de Guillaume. Représentez-vous deux quadrangles, de
forme irrégulière occupant une superficie de 13 hectares et ayant leur grand axe dans la direction de
l'ouest à l'est. Chaque quadrangle apparaît tout hérissé
de tours; mais celles-ci ne sont que les dames d'honneur
de la tour ronde, dont la disposition forme une sorte de
trône au centre des deux cours. Elle a donc sa base sur

un monticule artificiel, de là elle s'élance à 45 mètres
dans les airs et semble dire : Je suis la reine de ces
lieux. Un escalier de deux cent vingts marches conduit
au sommet, d'où je contemplai la campagne de Londres ;
mon regard embrassait douze comtés à la fois ; c'est dans
ce donjon que les chevaliers de la Table Ronde d'Édouard Ier
avaient l'habitude de s'assembler ; Jacques Ier d'Écosse
y fut longtemps captif ; il est habité aujourd'hui par le
gouverneur de Windsor.

Quatre portes donnent entrée dans le château ; j'y pénètre
par la porte Henri VIII ; je me trouve en face de la chapelle Saint-Georges, un des plus beaux édifices gothiques
de l'Angleterre. La nef principale est svelte et gracieuse ; les deux bas-côtés sont ornés de riches chapelles.
La porte du chœur est magnifiquement sculptée ainsi
que le jubé et la galerie de l'orgue, mais elles ne sont
pas de l'époque ! Puis que signifient les bannières du
chevalier de la Jarretière flottant au-dessus de ces boi-
series, Édouard IV et Henri VIII mêlés aux patriarches
et aux mystères les plus sacrés de Jésus et de Marie ?
Ce n'est plus un sanctuaire dédié à Dieu, c'est la
nécropole des rois et des grands de la nation ; le schisme
a faussé les idées ; l'hérésie les a perverties et a tout
bouleversé.

Je pénètre dans la cour du quadrangle supérieur par
la porte Normande, et je me trouve dans un vaste carré ;
deux tours y dessinent leurs grandes ombres : au sud,
la tour ronde ; au nord-ouest, celle du roi Jean. Voici
les appartements des courtisans et des hôtes de la reine :

l'est est habité par la famille royale ; le nord renferme
les salles de réception et le musée du Palais dans lequel
se trouvent réunis toutes les raretés et tous les chefs-
d'œuvre de l'Europe. La salle d'audience de la reine est
ornée des riches tapisseries des Gobelins ; vous y voyez
la femme de Charles II dans un char triomphal traîné par
des cygnes ; dans la salle des gardes sont les armures des
rois, les bustes des grands généraux, des canons captu-
rés, des panoplies d'armes indiennes. Dans la salle
Saint-Georges, réservée aux banquets, vous voyez onze
souverains anglais, en pied, dont la fierté peint bien la
raideur de la nation ; la salle de bal, la plus somptueusement décorée, rappelle le luxe de Versailles. Encore
des tapisseries des Gobelins, celles-là même qui paraient
la chambre de Marie-Antoinette.

J'entre dans la salle de Waterloo, remplie de souvenirs pénibles pour un Français ; les hommes d'État, les
souverains, les généraux qui ont pris part à la Sainte-
Alliance ornent les murailles. Pie VII les domine tous.
La salle du trône n'a rien de remarquable. Je gravis
l'escalier d'honneur, et j'arrive en face de la salle du roi,
ou plutôt du salon de Rubens, où l'on peut faire une
étude savante du peintre flamand. La chambre du Conseil royal présente trente-cinq tableaux signés des
maîtres de l'Europe les plus renommés. Le cabinet du
roi est aussi riche que le salon ; la salle Van Dyck à
elle seule mériterait le voyage de Windsor.

Windsor a aussi ses terrasses, ses jardins et ses écuries, mais le tout est inférieur à Versailles. Les parcs

l'emportent bien des fois sur notre Bois de Boulogne ;
le petit parc a près de 4 milles de circonférence et
couvre une superficie de 200 hectares.

Le grand parc a 10 kilomètres de long sur 5 kilomètres de large, couvre 3,000 hectares de superficie, et
est peuplé de plusieurs milliers de cerfs ; c'est une forêt
plutôt qu'un parc. La principale avenue du château est
ombragée d'arbres magnifiques. C'est dans ce parc que
Georges IV fit bâtir une chaumière évaluée à 5 millions,
détruite depuis plusieurs années. On y trouve aussi la
ferme du prince Albert, le beau lac de *Virginia Water* que
fit creuser le duc de Cumberland, et sur les bords duquel s'élèvent des kiosques, des temples, des obélisques,
des pavillons, des pagodes chinoises ou indoues. Des
barques, des pirogues, des gondoles se balancent sur
les eaux ; des rochers artificiels resserrent la partie méridionale ; alors les eaux s'élèvent, bondissent et retom-
bent en cascades pour former un ruisseau murmurant,
qui se dirige à l'est. On voit encore les restes d'un
temple chinois dédié à la contemplation. Mais que sont
ces ruines auprès des ormeaux et des chênes magnifiques qui ombragent les eaux de *Virginia Water ?* Ces
beaux arbres, ces vertes prairies, ces charmantes collines, ces eaux limpides, voilà ce qui fait de Windsor
une délicieuse résidence royale, dont je garderai toujours
un impérissable souvenir.

Je passerai cette journée à la campagne, car je suis
invité à dîner chez lord Wiseman, frère du cardinal,
ex-ambassadeur à Vienne. Mes confrères et moi, nous

prenons une voiture, et deux heures après nous arrivons
dans la délicieuse propriété de *Nordwond*. La banlieue
de Londres est bien différente de celle de Paris. Ici ce
ne sont pas de jolies petites villes ou villas couronnées
de vignobles. Tandis que les lords laissent les négociants
bâtir leurs maisons de campagne sur les routes, ils
savent s'isoler de tout bruit, pour cacher leur mollesse
et leur indolence sous les frais ombrages de leurs jardins aux mille détours et aux gracieuses allées.

Avant d'entrer dans l'habitation de ces Mécènes du
Nord, vous passez par des prairies artificielles, si fami-
lières aux agriculteurs anglais, car c'est presque l'unique
culture de ce pays, qui leur rapporte d'ailleurs un excellent revenu ; vous êtes embaumés, vous jouissez de points
de vue charmants et puis quel doux sommeil l'on goûte
loin du bruit de la Métropole. Quand vous apercevez au
loin de longues murailles renfermant des parcs, des bois,
des pièces d'eau, des jardins magnifiques, une demeure
somptueuse, et près de ces murs quelques petits carrés
de terre, où s'élèvent d'humbles chaumières : c'est la
seigneurie d'un lord ; car le paysan en Angleterre est
encore soumis à une espèce de servitude qui rappelle un
peu la féodalité du moyen âge ; une émeute populaire
est presque impossible ici. Le peuple ne saurait pas se
servir du fusil, dix mille soldats armés balayeraient
une population de deux cent mille hommes comme cela
est arrivé dernièrement pour les Chartistes. Puis les
négociants, en pareille circonstance, s'unissent aux lords,
qui, par des relations suivies avec eux, par leurs achats,

leur procurent l'aisance et quelquefois la richesse. Mes
hôtes m'engagèrent à visiter *Greenwich* pour me faire
une idée du mouvement de ce port et de l'industrie anglaise. Il est certain que nos ports ont bien peu d'acti-
vité si on les compare au port de la Tamise et surtout
à celui de Liverpool.

En quittant la Tamise, j'entre dans le palais des invalides de la marine anglaise, construction entreprise par
Charles Ier et affectée aux marins blessés au service de la
Patrie. Georges II, en 1705, posa la dernière pierre de
ce vaste hôpital qui se compose de quatre grands corps
de bâtiments isolés. Les deux principaux regardent la
Tamise ; ils en sont séparés par une superbe terrasse où se trouvent à l'est les appartements de
Charles ; à l'ouest, ceux de la reine Anne ; derrière, ceux
du roi Guillaume et de la reine Marie. En entrant dans
une salle ornée de tableaux, nous apercevons des drapeaux français pris à Trafalgar et à Gibraltar ; un peu
plus loin la flotte de *Grasse* en déroute, puis la victoire
de lord *Howe ;* enfin *Nelson* et *Duncan* à l'entrée de la
salle, semblent la garder et contempler leurs œuvres.
Dans une autre salle nous apercevons l'*Astrolabe* de sir
Francis Drake, l'habit porté par Nelson à la bataille du
Nil et bien d'autres souvenirs de l'expédition de Franklin.

Le bâtiment de la reine Marie renferme la chapelle
qui peut contenir environ mille personnes ; je signale
ici une particularité : chez nous, les drapeaux pris à
l'ennemi sont offerts à celui qui donne la victoire.

Sur les bords de la Tamise, je vis avec satisfaction un monument élevé à la mémoire du lieutenant *Billot*, de la marine française, qui périt si malheureusement dans les mers polaires arctiques, en allant à la recherche de l'infortuné Franklin. Dans la salle peinte de l'hôpital est un autre mausolée, élevé aux frais de la veuve de l'amiral à son regretté époux et aux principaux officiers qui périrent avec lui de froid et de faim en cherchant à se frayer un passage à travers des régions où l'homme n'avait jamais pénétré.

Jusqu'en 1865, deux mille sept cents marins se reposaient de leurs fatigues dans ce beau monument; mais le gouvernement ayant autorisé ces invalides à recevoir leur pension à domicile, trois cents seulement l'habitent aujourd'hui. Les revenus s'élèvent à 3,250,000 francs ; quatre cents fils d'officiers y reçoivent une éducation supérieure, et quatre cents fils de matelots une éducation inférieure.

Au nombre des établissements scientifiques dont s'honore l'Angleterre, il convient de mentionner l'observatoire de Greenwich. Il était flanqué de deux tours qui furent exécutées en 1675 d'après les plans de Christophe Wren, et que l'on a respectées au milieu des agrandissements de l'édifice. La tourelle occidentale est employée aux observations météréologiques, et les girouettes dont elle est surmontée sont accompagnées d'un mécanisme qui la met à même de sténographier l'histoire du vent écrite par lui-même, et déchiffrée par l'astronome en chef. La tourelle orientale est surmontée d'une longue

Hôpital de Greenwich.

perche à l'extrémité de laquelle est une boule de bois
noir qui glisse à une heure précise jusqu'au bas de la
hampe. Une autre boule domine la maison occupée
par la Compagnie du télégraphe électrique, et, grâce à
l'instantanéité des communications électriques, les deux
boules s'abaissent à la fois et donnent l'heure officielle
à tout le pays.

Le méridien adopté par les cartes anglaises et américaines passe par l'observatoire de Greenwich. Des télégraphes relient cet établissement à tous les chemins de
fer, à tous les ports du Royaume-Uni et à l'Observatoire
de Paris.

CHAPITRE III

ÉTUDES DIVERSES

L'Anglais a l'abord froid et hautain, qu'il faut attribuer
sans doute à l'orgueil national; cependant, depuis
quelques années, les mœurs, au contact des autres
nations, ont subi de grandes modifications, et cette fierté
toute particulière tend à s'affaiblir. Si vous lui êtes
recommandé, s'il a conçu de vous une idée favorable,
si vous êtes à ses yeux un parfait gentleman, la glace
est rompue ; malgré cela, les règles qui marquent les
degrés hiérarchiques sont encore rigoureusement suivies, et tout étranger est tenu de les connaître et de les

observer. Comme je n'ai pas la prétention de juger par
moi-même cette grande nation, je laisserai la parole à
ceux qui l'ont étudiée à fond en leur faisant quelques
emprunts.

Une des bévues les plus communes de nos compatriotes, dit *Francis Wey*, est celle qui consiste à revêtir
du titre de *sir*, exclusivement attribué aux chevaliers et
baronnets, les membres de la Chambre des Communes
ou d'autres personnages importants. Mais la plus lourde
de ces méprises, c'est de placer devant un nom de
famille le titre de *sir* qui ne doit jamais être immédiatement suivi que du prénom ; *sir Paktons*, *sir Reynolds* sont
des gallicismes épouvantables.

Autrefois, quiconque était supérieur aux conditions
serviles, sans être pourvu d'un titre, était confondu sous
la dénomination de *master*, qui ne désigne plus que les
enfants. *Master Lambton*, c'est le jeune fils de *Lambton*.
Depuis le temps des Stuarts, quand on écrit aux grandes
personnes, l'expression de *master* doit être abrégée
ainsi : *Mr* ; l'écrire en toutes lettres serait incivil. Dans
la conversation, on dit encore *master* pour les enfants ;
mais, si vous voulez être correct, il est essentiel en parlant
d'un homme de prononcer *mister* ; de même on n'écrit
jamais *misters* en toutes lettres, mais bien *Mrs*.

Dans les bonnes maisons, on ne donne aucune
espèce de titre aux gens de service de l'un et l'autre
sexe. On appelle les valets par leurs prénoms, les femmes
de chambre, les filles de charge par leur nom tout
court.

La femme d'un chevalier ou d'un baronnet joint le titre de *lady* à son nom de famille et jamais à son nom de baptême, sous peine d'encourir le blâme dû à la plus choquante usurpation C'est aux filles des lords, des comtes, des vicomtes et des ducs qu'appartient le privilège d'être *lady Louise*, *lady Lucy*... Elles prennent dès le berceau ce titre de lady.

Les habitudes de la vie commune sont réglées d'après les titres jusque dans l'intimité des familles, avec la plus rigide étiquette ; la préséance du rang ne le cède même pas devant un étranger.

Le fond invariable d'un dîner anglais consiste en un poisson et un rôti ; le surplus est accessoire. Ce qui caractérise la cérémonie repose bien plus sur les dimensions de ces deux pièces que sur la multiplicité des plats. Le poisson se présente le premier. A un convive de marque on sert un saumon ou un esturgeon de 1 mètre de longueur, avec des sauces diverses et des piments fort appréciés des Anglais ; puis succèdent des entrées à la française, en gibiers trop cuits, en volailles trop faites ou en pâtisseries trop lourdes. Le rôti, proportionné à la qualité des invités et à leur nombre, est digne des époques homériques ; les hors-d'œuvre sont nombreux et les entremets singuliers ; l'un des plus connus est un gâteau garni de tiges de rhubarbe, ou bien de groseilles à maquereau, cueillies vertes et qui sont l'objet d'un débit considérable ; souvent la salade est offerte sur un plat, sous la forme d'un cœur de laitue partagé en deux. Quelques personnes la mangent ainsi à la main,

se bornant à tremper dans le sel l'extrémité des feuilles.
Les légumes sont, en général, cuits à l'eau et offerts sans
assaisonnement ; on les sert en même temps que le rôti.
Au dessert surviennent des pains énormes de Chester, de
Stilton et des bateaux de beurre frais ; les fruits, le
melon leur succèdent ; après quoi on enlève tout, jusqu'à la nappe, puis on apporte des verres et du vin. Le
vin seul a le privilège d'être placé sur la table. Pour la
bière et l'*ale d'Écosse*, boisson de famille, il y a un céré-
monial particulier : un des domestiques qui servent à
table, vient vous présenter un plateau vide, si vous
n'êtes point sans animosité à l'égard du houblon, prenez
votre verre, placez-le sur le plateau, et le domestique,
après l'avoir rempli au buffet, vous l'offrira. Sans cette
ingénieuse combinaison, votre *hanap* subirait l'attouche-
ment d'un valet, ce qui choquerait la pudeur et la stricte
propreté.

Les règles de l'étiquette ne sont pas seulement obser-
vées par les classes supérieures, elles sont suivies plus
ou moins religieusement par toute la nation. En dehors
des deux noblesses officielles, la *Nobility* et la *Gentry*, dit
Edmond Téxier, le *common people* a inventé vingt autres
distractions. L'homme qui a deux millions de fortune est
plus honorable que celui qui n'a qu'un million et demi,
et ainsi de suite, le négociant retiré a le pas sur le négociant en exercice, et le rentier la préséance sur l'industriel. Je ne parle pas de toutes les autres noblesses de
corporations ; si je voulais classer toutes ces castes, il me
faudrait un dénombrement à la façon d'Homère. On com-

prend quelle froideur jettent dans les relations sociales des classifications, qui font de la Grande-Bretagne une sorte de casier où chacun est retiré dans son compartiment, selon le hasard de sa naissance, de sa fortune, de sa profession et de son état.

Quand on se promène dans les rues de Londres, au milieu de cette foule d'omnibus et de voitures, à travers cette population qui encombre les squares, les ponts, les promenades, on ne se rend pas compte, au premier abord, pourquoi tout ce qui frappe la vue, équipages splendides, magasins étincelants, édifices publics, a un aspect morne; ce n'est qu'en cherchant à résoudre ce singulier problème qu'on parvient à découvrir que ce qui fait Londres si triste, en dehors de sa sphère manufacturière et commerciale, c'est l'absence de l'élément essentiel d'animation, le *populaire*. A Paris le populaire est partout; il égaye les rues et les places, les jardins et les boulevards; il existe dans la Chaussée d'Antin aussi bien qu'au faubourg Saint-Antoine; il existe au théâtre, se mêle à toutes nos cérémonies et domine dans toutes nos fêtes. A Londres, on dirait qu'il n'y a pas de peuple, et que la ville est exclusivement habitée par des gentlemen et des mendiants. Uniformité de costume, d'habitudes, de manières et de visage; tout le monde a un habit noir, tout le monde se divertit de la même façon sépulcrale; tout le monde a le même air ennuyé. L'ouvrier, le marchand, l'oisif entrent dans le même *Public-house*, gardent la même attitude silencieuse et ne se distinguent, à la première vue, par

aucune différence. Tous les Anglais semblent avoir été
taillés sur un patron unique.

On ne se fait pas une idée, ajoute M. Francis Wey,
des minuties auxquelles descend l'usage. Ainsi le nombre de coups qu'il convient de frapper avec le marteau
de la porte de la rue, quand on fait une visite, est à peu
près déterminé. Rien de ce qui rentre dans le *trade* ou
dans la domesticité ne se permettra de heurter à la porte
principale. Le facteur de la poste est l'objet d'une exception unique, et l'on sait que, s'il ne veut pas être répri-
mandé, il ne doit frapper que deux coups. Un homme
comme il faut, s'il se respecte et s'il ne veut point passer pour léger, frappera cinq coups solidement appuyés;
les dames s'annoncent par plusieurs petits coups se
succédant avec rapidité. Il est permis à un Français de
quelque mérite d'ignorer à son entrée dans le monde
anglais quelques-unes de ces lois despotiques; il trouvera grâce, en qualité d'étranger. Mais s'il les ignorait
toutes et ne savait rien deviner, il passerait assurément
pour un cuistre.

Un étranger qui tient à sa respectabilité doit bien se
garder, dans la conversation, de prononcer les mots de
pantalon, gilet ou chemise; en fait de vêtements, il n'a
le droit de parler que de son chapeau et de son habit; à
table, qu'il ne demande jamais la cuisse d'une volaille.
Si Londres n'est pas une ville meilleure que les autres,
elle est par excellence le pays de la pudeur dans les
mots. Tout ce qui n'est pas classé dans le formulaire de
la conversation est *shoking*. Ce formalisme ou *cant*, sou-

vent flagellé par lord Byron, qui fut obligé de s'expatrier pour l'avoir audacieusement bravé, est certainement la plus grave maladie morale de l'Angleterre. Il faut se servir de mots tout faits, sous peine de passer pour peu gentleman. Il faut aussi, en religion, en politique, en littérature, avoir des opinions toutes faites, sous peine d'être *shoking* et indécent. De là un manque d'originalité extrême, une aridité complète dans les conversations ordinaires des salons anglais. Le *spleen* n'a souvent d'autres causes que le despotisme du *cant*.

Le chapeau joue un grand rôle en Angleterre; il est pour le bourgeois ou l'ouvrier anglais ce que le turban est pour l'Asiatique, le signe caractéristique de sa qualité d'homme libre. Aussi ne le quitte-t-il jamais dans la vie publique, si ce n'est lorsqu'il entre au temple. Le salut dans la rue se fait verbalement, ou en touchant à peine les ailes de ce noble appendice. Le boutiquier derrière son comptoir, le boucher à son étal, ceint de son tablier, aussi bien que le badigeonneur, suspendu à sa corde, et le commerçant, dans son bureau, conservent soigneusement rivé sur leur tête le haut chapeau cylindrique. L'ouvrier, parlant à son patron, croirait faire un acte de servilité en se découvrant. Aussi l'étranger, nouvellement arrivé, doit éviter de se formaliser d'une impolitesse, qui est toute inconsciente, et ce qu'il a de mieux à faire est de se conformer lui-même à cet usage, s'il ne veut pas voir traiter sa politesse d'obséquiosité.

Cependant, depuis vingt ans, les mœurs anglaises ont considérablement perdu de leur rigidité et de leur ori-

ginalité. L'influence européenne, d'une part, et les idées
nouvelles, d'autre part, se sont peu à peu introduites
dans le cerveau des fils d'Albion, j'en donnerai comme
exemple le mouvement qui se produit aujourd'hui pour
arriver à la liberté du dimanche.

L'Asie n'a pas été étrangère non plus à cette révolution; depuis la réunion de l'Inde à la couronne, tous les
régiments anglais, à l'exception de ceux de la garde,
doivent y passer plusieurs années, à tour de rôle, et il
se trouve ainsi que toutes les familles du royaume ont,
ou ont eu des parents envoyés dans ce pays, soit dans
l'armée, soit dans les services publics. Il en résulte
l'introduction dans les habitudes anglaises d'une foule de
coutumes importées de *Calcutta* ou des présidences. Le
slang ou argot fashionable, devenu à la mode depuis
quelques années, s'est enrichi lui-même de mots nombreux tirés du vocabulaire indo-européen. C'est de l'Inde
aussi qu'est venu l'usage de porter une barbe d'une longueur démesurée, envahissant tout le visage, qui a remplacé les diverses coupes de favoris qui servaient autrefois à distinguer chaque classe de la société. Enfin ce
n'est pas un des exemples les moins frappants de cette
transformation, opérée en quelques années, que de voir
aujourd'hui les gentlemen fumer la pipe d'écume ou de
bruyère dans la rue, alors que le cigare lui-même était
considéré inconvenant, il y a seulement vingt ans.

On parle souvent de l'orgueil britannique. Pour donner
une idée de la manière dont les Anglais se jugent eux-
mêmes, je citerai une page du livre de *M. Bulwer* intitulé

l'*Angleterre et les Anglais* : « La vanité du Français, dit-il,
est d'appartenir à une grande nation; celle de l'Anglais
est d'être propriétaire d'une grande nation. Toutes ses
idées, toutes ses lois ont leur origine dans le sentiment
de la propriété. C'est ma femme que vous ne devez pas
insulter; c'est ma maison que vous ne devez pas envahir;
c'est ma patrie que vous ne devez pas tromper; et par
une application aux choses célestes, c'est mon dieu que
vous ne devez pas blasphémer. »

« Il nous est facile d'observer la différence caractéristique de la vanité nationale chez les habitants des deux
contrées, en comparant les éloges que le Français fait de
de sa patrie, avec le découragement sarcastique propre
aux Anglais parlant de l'Angleterre. Il y a quelques
mois, pendant un voyage à Paris, je rencontrai un marquis légitimiste, qui m'entretint de l'état actuel des
affaires avec des larmes dans les yeux. Je crus de mon
devoir de lui montrer de la sympathie et d'abonder dans
son sens; ma complaisance lui déplut, il s'essuya les
yeux de l'air d'un homme qui commence à s'offenser.
— « Cependant, Monsieur, dit-il, nos monuments publics
sont superbes; » je l'accordai. — Nous avons fait de
grands progrès dans la civilisation; impossible de le
contredire. — Nos écrivains sont les premiers du monde;
je gardai le silence. — Enfin quel diable de climat avez-
vous, en comparaison du nôtre? »

Je revins en Angleterre en compagnie d'un Français,
qui n'avait pas vu Londres depuis vingt ans et qui fut
enchanté à la vue de toutes les améliorations accomplies

pendant cet espace de temps. Je le présentai à un de nos compatriotes. « Quelle rue superbe est Régent's-Street, s'écria le Français. — Bah ! des briques et du plâtre, répliqua l'Anglais. — Je voudrais bien assister à vos débats parlementaires, dit le Français. — Ils n'en valent pas la peine, grommela le patriote. — J'irai présenter mes hommages à vos grands hommes. — Des bavards ! Allez, il n'y pas de grands hommes aujourd'hui. — Vous me surprenez, mais au moins pourrai-je visiter vos auteurs et vos savants? — Vraiment, Monsieur, répondit le patriote très gravement, je ne crois pas que nous en ayons un seul... » Le courtois étranger resta un moment interdit, puis, recouvrant sa présence d'esprit : « Ah ! dit-il en prenant une prise de tabac, vous êtes une bien grande nation. » — Cela est vrai, dit l'Anglais en se redressant de toute sa hauteur. »

L'Anglais est vain de sa patrie, parce qu'elle lui a donné le jour. A ses propres yeux, il est le pivot de toutes choses, le centre du système solaire comme la vertu elle-même, il est semblable au soleil, et tout ce qui gravite autour de lui s'abreuve à ses rayons, de lumière, de vie et de beauté.

L'observation stricte du dimanche, appelé en général par les dévots *sabbath* ou *lord's-Day*, jour du Seigneur, est une des pratiques les plus religieusement suivies dans toute la Grande-Bretagne. Qu'on soit pieux ou non, le *cant* ordonne qu'on ait les apparences de la dévotion, qu'on aille régulièrement au prêche et qu'on ne lise devant témoins d'autres livres que la *Bible* et le

Prayer-book. On sait aussi que le service de la poste est
interrompu le dimanche ; le pays le plus commerçant du
monde cesse d'être ce jour-là le grand marché de l'uni-
vers ; ce n'est qu'une agglomération d'hommes oisifs et
inutiles. On dirait une ville morte, une de ces cités peuplées d'habitants pétrifiés, dont parlent les contes orien-
taux. Toutes les boutiques sont fermées ; aucun visage
humain ne paraît aux fenêtres. A peine quelques rares
passants qui filent comme des ombres, en rasant les
murs. Le dimanche qui est chez nous, du moins pour
le peuple, un jour de joie, de promenade, de toilette, de
festin et de danse, de l'autre côté de la Manche, se passe
dans une tristesse inconcevable. Les théâtres ne jouent
pas, les boutiques sont closes hermétiquement, et, pour
qui n'aurait pas fait ses provisions la veille, il serait
très difficile de trouver à dîner ; la vie est suspendue.
Les rouages de la Métropole cessent de fonctionner,
comme ceux d'une pendule, quand on met le doigt
sur le balancier. Dans la crainte de profaner la solennité dominicale, Londres n'ose plus faire un mouvement ; ce jour-là, après avoir entendu le prêche du
pasteur de la secte à laquelle il appartient, tout bon
Anglais se claquemure dans sa maison pour méditer la
Bible, offrir son ennui à Dieu et jouir devant un grand
feu de charbon de terre du bonheur d'être chez lui et de
n'être ni Français ni papiste, source de voluptés inépui-
sables ! A minuit, le charme est rompu ; la circulation,
figée un instant, reprend son niveau, les maisons se
rouvrent, la vie revient à ce grand corps tombé en

léthargie ; le Lazare dominical ressuscite à la voix de cuivre du lundi et se remet en marche.

En Angleterre, les habitudes anciennes ne changent pas. Les fêtes sont encore célébrées de nos jours avec les mêmes formalités que pendant le moyen âge ; les mots, les amusements, les chants, les costumes sont restés les mêmes. De toutes les solennités religieuses, dit M. *Alph. Esquiros*, la plus profondément gravée est Noël.

On s'y prépare plusieurs semaines à l'avance. D'innombrables troupeaux d'oies s'acheminent du nord de l'Angleterre, par toutes les routes, vers la ville de Londres. Les grands bœufs annoncent leur arrivée sur les chemins de fer ou les bateaux par de sombres beuglements. Les étalages de viandes s'amoncellent en pyramides devant l'échoppe des bouchers. C'est surtout le soir, dans les quartiers populeux de Londres, comme dans *Whitechapel*, qu'il faut voir, au milieu d'une foule tumultueuse, ces montagnes de comestibles, à la lueur de mille becs de gaz, dont la flamme libre oscille sous le vent. On s'occupe, en même temps, d'orner l'intérieur des maisons ; les murs de chaque *parlour* sont tendus de guirlandes de laurier, de lierre et de houx ; c'est le houx qu'on préfère, car il détache en vigueur sur son feuillage vert foncé, des baies rouges qui couronnent agréablement, disent les vieilles chansons, la tête du sombre hiver. Une branche de *guy,* souvenir des anciennes superstitions celtiques, attachée au plafond, pend au milieu de la chambre, quelquefois même à l'entrée de la porte. Le guy ne se distingue pas seulement par ses feuilles délicates et ses jolis fruits blancs, il donne à chaque homme admis dans la maison le privilège d'embrasser tout homme ou toute jeune fille attirée, par mégarde sans doute, sous le rameau sacré. Noël est arrivé. Sois le bienvenu, vieux père Noël, avec ta barbe blanche ! C'est le cri des enfants, et, si matinal qu'il soit, ce cri a été précédé, dans les campagnes, par le chant du coq. On croit encore, dans quelques villages d'Angleterre, que le coq mêle, cette nuit-là, sa voix aux mystères de la fête, et qu'il salue, depuis dix-huit cents ans, l'aube d'une ère nouvelle. La barbe blanche de Noël, c'est la neige ; il y a pourtant des exceptions, selon les années ; mais les Anglais n'aiment point les Noëls verts. Noël vert, cimetière gras, dit le proverbe.

Les plus humbles fenêtres sont éclairées par un soleil intérieur ; la bûche de Noël est dans l'âtre, elle brûle en illuminant de joyeux visages. Un foyer propre, un bon feu qui flambe et une bonne femme qui sourit, c'est, dit le proverbe anglais, la richesse d'un homme pauvre. Or il y a bien peu de cheminées qui ne pétillent et bien peu de femmes qui ne sourient en Angleterre, le jour de Noël. L'heure du repas est le moment solennel de la fête. Pas de bons noëls sans enfants, c'est la couronne de la table. Parfois, surtout dans les campagnes, une vieille chaise vide préside ; sur cette chaise siège un souvenir de la famille. Le fameux *plum-pudding*, ce signe culinaire de la nationalité

anglaise, apparaît bientôt accueilli par le bruit des
jeunes voix, l'applaudissement des yeux, le trépigne-
ment des petits pieds sous la table ; l'aïeul même sourit,
sous ses lourdes lunettes, à la vue des belles flammes
bleues et rouges que jette à la surface du mets l'eau-
de-vie brûlante ; il sourit à sa jeunesse, qui a duré ce
que dure cette flamme; il sourit surtout à la jeunesse
qui le remplace. Au dessert paraît l'arbre de Noël : nouvelle joie, nouveaux cris. Enfin commencent les jeux,
la danse... Puis la nuit se termine par des libations
faites avec des baies de sureau, qu'on boit bien chaudes,
bien épicées, bien sucrées, pour se procurer des
rêves agréables. La fête n'est point enterrée ; elle renaît
avec le jour suivant et se prolonge, malgré la reprise
des travaux quotidiens, durant six semaines. Le théâtre,
avec ses pantomimes, le *Cristal-Palace*, avec ses divertissements d'hiver, les salles de concerts, les bals,
tout concourt à retenir longtemps ce vieil hôte bien-
aimé de la Grande-Bretagne, le père *Christmas*, à la tête
couronnée à la fois de glace et de feuillage. Il y a
toute une littérature de Noël, qui consiste en contes, en
poésies, en lectures morales dans le genre des charmantes nouvelles féeriques écrites par *Charles Dickens*.

Les élections, qui reviennent en général tous les deux
ou trois ans, lors de la dissolution du Parlement, offrent
un spectacle extrêmement curieux, et les étrangers qui
veulent connaître la vie anglaise dans l'une de ses
phases les plus caractéristiques ne manquent jamais
d'assister aux *Polls*. Plusieurs jours à l'avance on voit

déjà d'immenses affiches de toutes les couleurs et de
toutes les formes, prônant les divers candidats, décorer
les murailles et les barrières en planches ; des rues
entières sont garnies d'affiches ambulantes ; on ne peut
entrer à Guildhaall qu'entre deux haies d'Irlandais,
tapissés d'affiches de la tête au pied. La bière et l'eau-
de-vie coulent librement dans les tavernes, aux frais des
concurrents ; les *Rowdie* se distribuent çà et là des coups
de poings, applaudis par les partis hostiles. L'aspect du
lieu des élections est curieux : on y distingue d'abord,
dit M. *Lefèvre-Pontalis*, un vaste échafaudage élevé de
10 ou 12 pieds au-dessus de terre et qui paraît destiné
à des spectateurs de courses : ce sont les *Hustings*,
l'appareil principal de la cérémonie. Au milieu une
petite balustrade posée à hauteur d'appui indique la
tribune. Au dessous, une galerie avec des sièges et des
pupitres, est réservé aux sténographes des différents
journaux ; et l'orateur qui ne peut se faire entendre
borne ses efforts à leur dicter son discours, en se consolant par la pensée qu'il aura au moins des lecteurs.
Devant l'estrade la foule se presse, électeurs et non
électeurs sont mêlés ; ils suivent d'ordinaire l'exemple
qui leur est donné sur les *Hustings* et se partagent,
s'il y a lieu, en deux camps.

L'apparition des candidats est le signal qui met en
mouvement le zèle de leurs partisans ou l'opposition de
leurs adversaires. S'ils n'ont pas de compétiteurs, ils ne
sont accueillis que par des hourras ; mais, si l'élection
est sérieusement disputée entre différents adversaires,

les acclamations et les grognements se livrent presque
toujours un assez long combat, auquel tous les assistants
prennent part aussi bien que sur les *Hustings*. En même
temps que toutes les bouches s'ouvrent, les mains se
lèvent, les chapeaux s'agitent, et, dès que le tumulte commence à s'apaiser, c'est aux candidats qu'il appartient
d'achever de s'en rendre maîtres.

La journée des *Hustings* se termine par un appel
fait à toute l'assemblée du peuple pour la nomination des
candidats et, c'est la levée des mains qui doit faire connaître en leur faveur l'opinion publique; s'il n'y a pas à
décider entre différents compétiteurs, il n'y a lieu qu'à
une acclamation générale. Dans le cas contraire, l'assemblée est consultée successivement en faveur de chaque
concurrent. Tout assistant, fût-il un étranger, peut
devenir pour un moment électeur; ceux mêmes qui sont
restés à cheval autour de l'enceinte réservée peuvent
prendre part au vote, et ajoutent ainsi à la singularité du
spectacle sur les *Hustings ;* devant les *Hustings*, à l'appel
du nom de tel et tel candidat, les mains se lèvent ou
s'abaissent tour à tour. Le *sherif* ou l'officier préposé
à l'élection doit aussitôt décider, à première vue, en
faveur de quel candidat la foule s'est prononcée ; il
annonce sa nomination, au milieu des hourras de ses
partisans. Toutefois cette nomination n'est pas définitive,
et chacun des amis du candidat opposé, ou ce candidat
lui-même peut y mettre son *veto*, en venant demander
immédiatement le *Poll*, c'est-à-dire l'enregistrement du
vote des citoyens qui sont électeurs. C'est là l'épreuve

décisive qui peut faire, du vainqueur d'un jour, le vaincu du lendemain.

On ne peut se faire élire membre du Parlement sans déposer des sommes considérables ; le plus souvent l'achat des votes, presque autorisé par la tradition, vient augmenter la dépense. Le Parlement a décrété, il y a quelques années, l'emploi du scrutin secret. Cette modification a fait, en partie, disparaître ces anciens abus.

Londres est une ville essentiellement commerciale ; aussi quel luxe d'écriteaux et d'enseignes ! Des lettres de toutes couleurs et de toutes dimensions chamarrent les édifices du haut en bas ; les majuscules ont souvent la hauteur d'un étage, et l'on peut facilement les lire d'un bord à l'autre de la Tamise ; les voûtes des arches des ponts sont elles-mêmes bariolées de gigantesques affiches à peine entrevues par les passagers des bateaux à vapeur, qui glissent comme des flèches entre les piles.

La supériorité incontestable que le prospectus a sur l'enseigne, l'affiche l'obtient sur le prospectus, le seul inconvénient du prospectus, c'est de ne pas pouvoir s'imposer ; non seulement celui à qui il est offert le déchire, on s'en sert souvent sans l'avoir lu, mais parfois même il refuse de le recevoir. L'affiche, au contraire, cette enseigne tirée à un nombre considérable d'exemplaires, oblige celui qui passe auprès d'elle, sinon à la lire, au moins à la voir. Il est impossible, quand elle est habilement faite et adroitement placée, qu'elle n'attire pas les regards du pressé, de l'indifférent ou du timide ; on finit toujours, sans s'en douter, par com-

prendre ce qu'elle veut dire. Malgré soi, on en déchiffre
un mot dans une rue, où l'on s'arrête, un autre mot sur
une place que l'on traverse ; au bout de huit jours, si
elle vit ce temps, on la sait presque par cœur. Aussi les
Anglais ont-ils depuis bien des années, apprécié le mérite
de l'affiche, et ils excellent dans l'art, plus difficile qu'on
ne le croit, de la composer et de l'exposer. Tous les
murs des maisons de Londres, dont une grille n'interdit
pas l'approche au public, ou sur lesquels le propriétaire
jaloux de leur noirceur immaculée (le blanc est une couleur
inconnue à Londres en fait de bâtiments) n'a pas fait
écrire ces mots cabalistiques : *Bills-Stickers beware*, sont
constamment ornés d'une couche épaisse de *bills* ou
affiches qui se renouvellent presque chaque matin. Les
planches qui entourent les édifices en démolition ou en
construction en sont aussi recouvertes de la base au
sommet. Jamais une place, si petite qu'elle soit, ne reste,
ne fût-ce qu'une heure, inoccupée.

Parmi les affiches de Londres, celles des théâtres et
des *exhibitions* méritent une mention à part. Elles sont
les plus nombreuses et les plus caractéristiques. Aucune
description ne saurait en donner une idée à ceux qui ne
les ont pas vues ; le dessin serait, en ce cas, non moins
impuissant que la plume ; car elles sont bigarrées de
plusieurs couleurs. Quel choix de substantifs ! quel abus
d'épithètes ! quel assortiment de points d'exclamation ;
quelles mosaïques de lettres de toutes les formes, de
toutes les grosseurs, de toutes les longueurs, de toutes
les largeurs ! Et ce n'est pas tout, la lithographie vient

au secours de la typographie ; là vous voyez un
homme qui en tue un autre d'un coup de pistolet, sur le
pont d'un vaisseau en flammes ; ici des soldats se battent
avec des brigands ; plus loin c'est un condamné à mort
montant à l'échafaud, où l'attend le bourreau.

Malheureusement, si supérieure que soit l'affiche à
l'enseigne et au prospectus, l'affiche n'a jamais pu devenir à Londres un moyen de publicité suffisant ; la faute
n'en est pas à elle, mais au système de construction
adopté dans la plupart des quartiers. Les places, c'est-
à-dire les murs, lui manquent. Depuis longtemps déjà le
commerce et l'industrie avaient donc senti le besoin d'y
suppléer, lorsqu'une heureuse découverte vint réaliser
leurs vœux. Un spéculateur ingénieux eut l'idée de remplacer l'affiche sédentaire par l'affiche ambulante.

D'abord le placard fut un, simple et modeste. On col-
lait une affiche sur une planche de bois carrée, sans prétention aucune ; on attachait cette planche au haut d'un
long bâton, entre les mains d'un pauvre diable qui se
chargeait, moyennant un shilling par jour, de se prome-
mener, avec cet étendard pacifique, du matin au soir,
dans les quartiers les plus populeux ; c'était, comme on
le voit, un immense progrès. L'affiche n'attendait plus
les passants à un endroit fixe contre un mur de côté, vers
lequel ils ne détournaient pas toujours la tête ; elle les
cherchait partout où ils allaient, elle se présentait à
eux de face, elle leur barrait le passage, elle les forçait
— oh ! comble de l'art — à s'impatienter, à lutter contre
elle pour se frayer un chemin à travers la foule ; aussi

le succès du placard fut-il si grand qu'il dure encore.
Les *Walking sandwiches* sont des malheureux portant
une grande affiche sur le dos et une autre sur la poitrine ; ce sont, dit *Charles Dickens*, des morceaux de chair
humaine entre deux planches ou deux feuilles de carton.
Quelquefois les affiches sont tellement colossales que le
porteur dresse à peine la tête hors de sa couverture de
planches, comme une tortue hors de sa carapace ; on
dirait un criminel portant son propre tombeau. Pour
faire plus d'effet, le spéculateur qui se sert de ce genre
de publicité fait encastrer une vingtaine d'Irlandais,
chacun entre deux gigantesques affiches, et les envoie
dans les rues principales, où on les voit marcher lentement, tous en une seule file et d'un air résigné, sur le
bord du trottoir ou dans la boue.

Aux placards péripatéticiens, inventés depuis 1830,
succédèrent les affiches véhiculaires. La première fut,
dit-on, un immense chapeau monté sur deux roues, attelé
à un beau cheval et cachant un cocher dans sa vaste
rondeur. Il va sans dire que le chapeau portait, en
lettres d'or, l'adresse du fabricant. Depuis cette époque,
des voitures de toutes les formes et de toutes les couleurs, élégantes ou grotesques, simples ou bariolées,
ont été inaugurées par les industriels pour forcer les
yeux du public indifférent à lire leur adresse.

Les propriétaires de l'*Illustraed London News*, ont
une voiture qui erre du matin au soir dans tous les
quartiers fashionables uniquement pour annoncer leur
journal. Le *Metropolitan Advertising Office* loue aux

entreprises, qui ne sont pas assez riches pour faire une
pareille dépense, une place déterminée contre l'un
des quatre côtés d'une voiture, toujours couverte
d'annonces, qu'il fait circuler incessamment par la
ville et les faubourgs. Vous êtes arrêté par une
colonne semblable à la tour de *Jaggernauth*, dont les
inscriptions vous apprennent que tel perruquier vend
d'excellentes perruques au prix le plus modéré. Un jour
je m'amusai à bouquiner près de *Temple-Bar*, lorsque
j'entendis un grand bruit : on criait, on courait, on se
bousculait ; je me retournai, et je vis venir à moi deux
Chinois montés sur d'énormes échasses. Le second tenait
un parasol au-dessus de la tête du premier ; ils étaient
richement vêtus, et leurs longues robes traînaient jusqu'à
terre. Derrière eux marchaient gravement vingt *Pole-
Bearners*, dont les écriteaux m'apprirent qu'un ingénieux
négociant venait de recevoir directement de la Chine un
nombre considérable de caisses d'excellent thé. Mais la
plus remarquable de toutes les annonces ambulantes,
figuratives ou emblématiques, fut celle d'un journal qui
a cessé d'exister, le *Rail-way-Bell*. Elle se composait
en effet d'une voiture métamorphosée en cloche et d'une
cinquantaine d'hommes déguisés de la même manière.
Toutes les cloches-hommes étaient recouvertes des
prospectus de la nouvelle feuille. Sous la cloche de la
voiture, décorée d'ornements semblables, était une
musique bizarre, qui faisait un vacarme effroyable, et
tout autour, à l'extérieur, une petite locomotive courait
incessamment sur un petit chemin de fer circulaire.

Londres est la ville des contrastes, dit *M. Esquiros;* au sein de cette grande Babel, il y a place pour tous les bruits, pour tous les théâtres, pour tous les divertissements, depuis les plus raffinés jusqu'aux plus simples. Vers neuf heures du matin, au moment où la foule se répand et s'enfle dans les rues, comme une marée, la grande marée des chanteurs et des musiciens ambulants s'avance dans *Spitalfields*, de *Leatherlane*, de *Holborn*, de *Wapping* et de *Clerkenwell*, vers les régions du *West-Ends*.

De temps en temps la musique nomade se compose de vieux airs et de vieilles ballades que chantaient les grand'mères de la génération actuelle. Il y en a d'autres qui sont des chants nationaux, des hymnes de victoire ou de deuil.

Comme Londres sert de rendez-vous à toutes les races de la terre, la musique de ses rues reflète ce caractère cosmopolite. On y voit des Indiens qui chantent quelque chose en langue indoue et qui battent du *tam-tam,* instrument monotone, mais dont la sourde tristesse exprime bien le mal de la Patrie absente. Des Chinois égratignent les cordes d'une espèce de *mandoline,* et récitent, d'une voix grelotante, un air aussi étrange que les paroles. Enfin des Éthiopiens, connus sous le nom de *serenaders*, jouent du *tambourinou,* du *bango.* La vérité m'oblige cependant à dire que ces derniers n'ont du nègre que la couleur, et cette couleur, ils la doivent à un mélange de graisse et de noir animal.

CHAPITRE IV

DÉPART POUR L'AMÉRIQUE. — DE LONDRES A BOSTON

Il est onze heures du matin, la Providence m'envoya
pour compagnon un prêtre français parlant fort bien
l'anglais, quelle bonne fortune! Aussi je fis un voyage fort
intéressant. Le pays que je parcourais ne forme, pour
ainsi dire, qu'une vaste prairie artificielle de 100 lieues
d'étendue, bien accidentée et richement entrecoupée
de beaux arbres. La grande spécialité du paysan anglais
est l'élevage; de là, ces interminables prairies, peuplées
des plus beaux troupeaux du monde; et ces parcs, ces
légumiers, ces vergers; comme tout y est correct et en
parfait rapport! Ici point de vastes champs de froment,
monotones à la vue; les Anglais demandent les céréales
aux Etats-Unis et au Canada.

Je traversai les deux villes les plus industrielles de
l'Angleterre, *Manchester* et *Birmingham*. Quels tourbillons
de fumée! Nous avançons dans les ténèbres; on n'entend
que le bruit des enclumes retentissant au loin; on ne voit
que des hommes noirs, aux bras retroussés. Serait-ce ici
le pays des cyclopes? Non ; ce sont les hauts fourneaux,
les grandes forges des Anglais, leurs verreries et leurs
fabriques de coton. Vous ne pouvez avoir une idée de
l'industrie de ces hommes qu'en les voyant à l'œuvre,
et alors vous ne vous étonnerez plus de leurs richesses

Nous arrivons à Liverpool, à six heures du soir. C'est le plus grand port de commerce anglais. Jetez un coup d'œil sur la carte, comptez toutes leurs possessions, suivez les navires sur toutes les mers, puis promenez-vous sur les quais de Liverpool, vous y retrouverez les hommes de toutes les parties du monde, avec les costumes les plus variés et les plus bizarres; vous y entendrez parler toutes les langues. Les bassins du Havre et de Marseille sont cependant grandioses et bien surprenants! Que sont-ils auprès des Docks de la nouvelle Carthage? Parcourez-les, et, quand vous aurez marché pendant deux heures, vous n'aurez pas atteint le bout. L'épaisse forêt de mâts, qui se pressent et se serrent, jointe à la vapeur des steamers, étend au loin ses grandes ombres et fait, pour ainsi dire, la nuit en plein soleil d'Orient. La ville, comme toutes les villes maritimes, n'est pas très propre, et les matelots qui chancellent en jurant sous leurs énormes fardeaux, les camions qui se croisent, en faisant un vacarme d'enfer, avec la foule qui encombre toutes les rues, offrent une physionomie peu agréable.

Je termine ici mes études sur Londres, pour faire mes préparatifs de départ pour l'Amérique.

Nous quittons Liverpool. Le 14 juillet, à six heures du soir, je monte à bord de l'*Europa*; à six heures et demie, les passagers poussent le traditionnel cri d'adieu : Hourra! hourra! Déjà nous filons 4 lieues à l'heure; quel magnifique bâtiment! C'est son premier voyage; sa force est de six cents chevaux; la distribution en est parfaite : un pont de 300 pieds de long offre une belle pro-

menade aux voyageurs de première classe ; ceux-ci
peuvent circuler de l'arrière à l'avant ; il n'en est pas de
même de ceux de la deuxième classe qui sont parqués
sur l'avant ; sous le vaste pont s'étend une salle à manger, où trois cents passagers sont à l'aise ; descendez
quelques gradins, et vous trouverez deux magnifiques
salons resplendissant de dorures, de marbre, d'acajou
et de cristaux. Celui des gentlemen et celui des ladies ;
à droite et à gauche les cabines des passagers ; tout y
est d'une richesse et d'une élégance première ; le personnel est très nombreux ; le service de table ne se fait
pas mieux à Paris et avec plus de luxe. J'admire les
Anglais pour le confort qu'ils offrent aux voyageurs,
mais ils n'épargnent pas votre bourse. La première classe
coûte 1,025 francs, soit 1,200 francs avec les menus
frais, où 100 francs par jour, puisque notre traversée
fut de onze jours seulement.

Nous étions cent passagers ; toutes les nations s'y
rencontraient : Anglais, Français, Allemands, Turcs,
Américains... Et sur les cent passagers, cinq catholiques seulement.

L'accord le plus parfait régnait entre nous cinq ; nous
passâmes deux dimanches à bord ; le premier ne fut pas
férié, parce que presque tous les passagers étaient
malades, mais le deuxième fut solennel. Tout l'équipage,
tous les passagers s'assemblent dans la salle à manger ;
à chaque place il y a une bible et un livre de prières. Un
jeune homme, à barbe blonde, précédé de sa femme,
s'avance gravement, salue l'assemblée, s'arme d'une

Bible, dont il lit les versets pendant un quart d'heure ;
les assistants le suivent ; puis se succèdent les longues
prières ; enfin le sermon couronne l'œuvre. Puis on se
sépare, le dimanche est sanctifié ; tout est dans la forme,
et rien pour le cœur.

Nous arrivons dans les brouillards de Terre-Neuve ;
nous n'avançons qu'en tremblant sur la *Nouvelle-Écosse*
aussi nous éprouvons un jour de retard. Je ne puis comparer ce brouillard qu'aux fameuses ténèbres qui enve-
loppèrent l'Égypte et pesèrent sur elle comme des montagnes ; on ne se voyait pas à bord ; nous avancions à
l'aventure et *à tâtons*, puis nous nous arrêtions tout court,
comme devant d'infranchissables murailles ; nous
tirions le canon, la terre nous répondait, puis nous fai-
sions quelques nœuds, consultions la boussole et stop-
pions tout à coup. Effrayés de nous-mêmes, nous com-
prenions la menace du Maître. Heureux qui sait comman-
der à son cœur ! Quant à moi, j'avoue que cette solennelle horreur ne s'effacera jamais de ma mémoire. Enfin,
le brouillard s'éleva et disparut, comme un rideau de
théâtre. Alors nous aperçûmes Halifax dominé par un
fort imposant. Nous descendîmes deux heures à terre,
pour déposer la malle de Londres.

En une heure, toute l'Amérique du Nord fut informée
des nouvelles de l'Europe. En France nous n'avions à
cette époque qu'un télégraphe électrique de Paris à
Boulogne ; tandis qu'en Amérique, le télégraphe rayon-
nait d'Halifax à Québec et de Québec à la Nouvelle-
Orléans environ l'espace de 1,200 lieues. La ville d'Hali-

fax est assez triste et morne, d'un aspect aussi sévère
que son sol et son climat; elle est néanmoins la capitale d'une fière race d'hommes; car qui n'a entendu parler de l'*Acadie* et des durs et patients Acadiens, nos
énergiques compatriotes, qui ont planté sur cette terre
vierge et inculte le drapeau de la France, et l'ont fait
respecter par les tribus sauvages. C'est sur cette terre
que j'ai vu, pour la première fois, ces hommes des
grandes forêts et que je me suis abouché avec eux.
Un grand et beau Sioux, suivi de sa compagne,
m'aborda et vint m'offrir plusieurs objets faits de ses
mains.

Je le vois encore: cheveux noirs et plats, œil taillé en
amande et brillant comme l'onyx; teint cuivré; angle
facial ouvert et aux pommettes saillantes; bouche grande
et expressive; ardent, plein d'enthousiasme pour nos
dogmes et cérémonies; aussi la plupart sont catholiques.
Cent lieues ne les effrayent pas pour assister à la messe.
Sous un vêtement pauvre, notre Sioux avait cependant
un certain cachet: son chapeau pointu est orné de plumes
de coq sauvage; il porte une couverture de laine blanche,
en sautoir; au côté gauche, la carabine; au côté droit,
la corne de buffalo pleine de poudre, une ceinture rouge
autour des reins avec le redoutable yatagan; jambes
nues et violacées par le froid; sandales d'écorces bro-
dées en poils d'orignal. Je fus frappé de ce costume
et surtout de la légéreté de sa démarche. Pour ne pas
refuser les offres de sa compagne, qui me paraissait
plutôt son humble servante, car elle portait la tente et

tous les ustensiles du ménage, je choisis comme achat
une espèce de tiare en perles et de belles sandales bro-
dées. J'offris la tiare à Mgr de Salinis, et je portai les
sandales, pendant plusieurs années, à mon retour en
France.

CHAPITRE V

DE BOSTON A QUÉBEC

Je revins tout joyeux à bord. Nous appareillâmes
pour les États-Unis ; et le surlendemain nous entrions
dans le port de Boston. Me voici donc en Amérique !

Comment suis-je entré dans ce port? Je ne saurais
vraiment vous le dire ; car nos yeux ne rencontrent que
de jolis coteaux, couronnés de maisons blanches ; nous
tournons dans un cercle immense au centre duquel
s'élève un fort qui domine la rade sur tous les points,
et qui me semble rendre cette ville imprenable. Les docks
me rappellent ceux de Londres. Nous descendîmes à
terre, et, après avoir subi les formalités de la douane,
je pris un *cab* pour me rendre à *Tremont-house*. Mais,
avant d'y arriver, il fallut que ma voiture et bien d'autres
traversassent un bras de mer sur un pont immense
remorqué par la vapeur; c'est une manière de voyager
que je ne connaissais pas encore. A mon arrivée à l'hôtel, je fus assez heureux pour y rencontrer un jeune

Parisien, que je reconnus à ses moustaches et à sa
désinvolture, car généralement les Anglais et les Américains ne portent que les favoris. Après avoir échangé
nos salutations à la française, notre conversation roula
de suite sur la France et l'Amérique. Il habitait
Boston depuis deux ans, et il avait à peine rencontré dix Français depuis cette époque ; la vie y est très
chère ; on demande 25 francs pour une promenade en
voiture pendant deux heures. Cette ville est spécialement commerçante. Si vous voulez être bien vu des
Américains, me dit-il, regardez-les comme le peuple le
plus civilisé du monde, le plus courageux, le plus intelligent. Quoiqu'il ait tout appris de l'Europe, et que ses
armées soient encore peu disciplinées, il faut reconnaître
cependant qu'il a poussé l'imitation jusqu'à la perfection
et même jusqu'au grandiose. L'Europe lui enviera toujours sa liberté, ses immenses lignes de chemins de fer,
ses belles fabriques de *Lowel* et spécialement la tenue
d'une maison ; là on sait se loger commodément et chau-
dement. Le beau granit décore les façades des habitations ; le pauvre, comme le riche, étale ses tapis plus ou
moins précieux. Chaque devanture de maison est
lavée, frottée, essuyée avec le soin le plus minutieux ;
tout brille jusqu'au pot au feu. Mais en revanche, les
rues, sont mal entretenues, heureusement qu'elles
sont bordées de trottoirs pour les piétons : il est vrai
que l'Amérique ne date que d'hier, et le progrès est
latent.

Je prends possession de ma chambre à *Tremont-house.*

Le premier objet qui frappa ma vue est une Bible à l'a-
méricaine, placée sur un guéridon ; voilà bien le cachet de
la nation : la propagande, la vulgarisation des idées religieuses par la Bible. Au fond est-ce esprit de religion,
je ne le pense pas: c'est l'opiniâtreté de l'hérétique. Je me
prosternai et je priai pour cette grande nation si malheureusement dévoyée.

Debout de bon matin, je circulai dans les rues. Boston
n'offre rien de remarquable ; cependant cette ville présente un caractère grave et imposant, ses maisons toutes
de granit semblent réagir sur le caractère de ses habitants
et leur imprimer un air sérieux et pensif. Aussi est-ce
la ville savante, la ville des écoles des États-Unis.

L'un de ses faubourgs porte le nom de *Cambridge*, c'est
là que la célèbre Université de *Haward* fut fondée, et
cette université est à la fois libre et libérale. Les Américains nous ont donc précédés dans cette voie ; nous
nous félicitons comme catholiques d'avoir trouvé un ou
deux millions pour nos Universités libres de Paris, de
Lille et d'Angers, et l'Université de Haward possède un
capital de 8 millions de dollars, près de 30 millions
de francs ; ce capital provient des dons et legs qui lui
ont été faits depuis sa fondation. C'est ainsi que la
liberté de l'enseignement est comprise en Amérique, tandis que chez nous au contraire on ferme les institutions
libres, on expulse les religieux. L'Université libre de
Haward est devenue le centre intellectuel le plus
actif et le plus vivant des États-Unis ; elle est visible-
ment utile à la génération présente, et je ne sache per-

Sitting-Bull, chef des Sioux.

sonne qui s'inquiète du mal qu'elle pourra faire aux
générations futures.

Les bâtiments de l'Université n'ont rien de monumental ; le Musée est surtout remarquable par la collection
de poissons de *M. Agazzis*. Le service de la bibliothèque,
fait par des jeunes filles, m'intéressa beaucoup ; les
jeunes miss de *Cambridge* sont savantes et sages ; elles ont
étudié le latin, le grec, et l'on m'assure qu'elles n'ont pas
d'autre passion que celle du catalogue. Or ce catalogue
est une merveille de méthode et de clarté ; il est distri-
bué dans une série de tiroirs à la portée de la main, et
classé par ordre de matière. Voulez-vous étudier, par
exemple, l'histoire de la Révolution française ? vous
ouvrez un tiroir dans la section d'histoire, et vous y
trouvez lisiblement écrits sur des cartes, juxtaposées par
ordre alphabétique, les noms des auteurs ou la dési-
gnation des documents que contient la bibliothèque sur
cette époque de l'histoire de France. Les dortoirs ne
ressemblent en rien à ceux de nos établissements. Ce
sont de petits appartements, non meublés, tout à fait
confortables dont le prix varie de 40 à 100 dollars par
an. Les cours, l'usage des bibliothèques, des salons de
lecture coûtent 150 dollars par an ; la nourriture, 152 dollars ; le tout revient à 5 ou 600 dollars. Au bout de
quatre années consacrées à l'instruction générale, les
élèves entrent dans les collèges spéciaux de l'Université :
collège médical, de législation, de théologie, des
sciences, etc. Il suffit de deux ans pour obtenir un
diplôme de médecin et d'avocat. Le collège de méde-

cine est à Boston ; tous les autres sont à Cambridge.
L'Université proprement dite compte une cinquantaine de professeurs, d'assistants et de lecteurs. Les professeurs reçoivent 4,000 dollars ; il y a huit cents
élèves ; les matières religieuses sont laissées en dehors ;
on n'exige la pratique d'aucun culte.

Je visitai aussi l'*Athenæum*, qui possède une bibliothèque de quatre-vingt mille volumes, et une des collections les plus complètes des éditions de *Shakespeare*, et
des commentaires de ses œuvres, formant cinq mille
volumes.

Les directrices me parlèrent de leur école supérieure
de filles de *West-Newton street*, où je me rendis également. Cet établissement contient cinq à six cents élèves,
de quatorze à vingt ans. Vingt dames y enseignent le
latin, le grec, le français, l'allemand, la physique, la
chimie, la géographie, la trigonométrie, l'algèbre et la
photographie, sans oublier la rhétorique et l'esthétique.
Ne vaudrait-il pas mieux que les Américaines s'appli-
quassent un peu plus aux langues vivantes, et négli-
geassent un peu les langues mortes. On commence à se
lasser de cette immixtion de la femme dans l'enseignement, parce que, dit-on, il y a incompatibilité entre les
devoirs de la maternité et les fonctions d'institutrice ;
mais on veut bien l'admettre pour les célibataires, les
Américains reconnaissent donc qu'ils sont plus aptes à
l'enseignement. Quelle leçon pour nos radicaux qui
persécutent en France nos établissements religieux !

A mon retour, je me promenai dans *Commons-park*,

qui sépare le vieux quartier des quartiers neufs. Le vieux Boston se compose d'un réseau de rues tortueuses, où se concentre le mouvement des affaires ; mais la ville s'étend déjà indéfiniment au-delà des *Commons.* Les gares de chemins de fer sont vastes, commodes et élégamment décorées ; les *cars* sont propres, les rues sont presque pavées, on rencontre à chaque pas des églises, des magasins de vieux livres et d'objets d'art. Le soir, les délassements ne manquent pas. Les salles de meetings, les théâtres abondent ; si vous voulez des billets, vous en trouvez aux guichets de chemins de fer et des bateaux à vapeur ; les salles de spectacles sont simples mais commodes. Chez nous on préfère le luxe, tandis qu'en Amérique on recherche ses aises ; on accorde tout au confort. Je dirigeai ma promenade vers la demeure de l'évêque de Boston, demeure simple, mais confortable. Mgr *Fitz-Patrick,* homme grand et fort, porte dans la physionomie je ne sais quoi de sympathique et de français. Il me reçut avec un sourire de bienveillance, me traitant aussitôt comme un de ses diocésains, m'offrant même un poste dans son vaste diocèse ; je le remerciai bien cordialement, et lui fis part de mes engagements avec l'archevêque de Québec. Après un aimable entretien sur la France et l'Amérique, je me retirai enchanté de notre entrevue.

Il me faut cependant quitter cette ville, car j'ai encore 800 lieues à franchir pour me rendre à Québec. Une fois en wagon, je fus frappé tout d'abord à la vue du compartiment que j'occupais : figurez-vous un luxueux

et interminable salon avec des banquettes en acajou rem-
bourrées de velours ; une galerie d'une extrémité à l'autre
et permettant la circulation du buffet au fumoir, du fumoir
aux water-closets ; si vous êtes souffrant, vous trouvez des
lits de repos et des infirmières ; si vous aimez les jeux,
vous prenez une table, et des garçons sont à votre service ; si vous dédaignez le buffet, on vous sert à la
carte ; thé, café, journaux, cabinet de lecture, rien ne
manque et tout ici se fait sans bruit, sans confusion. Les
cars renferment quelquefois cent cinquante à deux cents
voyageurs. Si une pareille foule se trouvait en France
dans le même compartiment, je vous laisse à juger le
tohu-bohu. Ici on va et vient, on monte, on descend par
vingt portes à la fois, on s'aperçoit à peine de la dispari-
tion de ses voisins. La nuit venue, vous vous étendez
dans un fauteuil-lit, vous sommeillez à votre aise et
vous chargez le garçon de vous éveiller à l'heure
voulue.

Quant à la sécurité, je n'oserais la garantir, car la
voie laisse bien à désirer ; les rails sont en bois recou-
verts de plaques de fer ; puis les locomotives, parfois,
font explosion, parce que la force est insuffisante ? On
le comprend si bien, qu'on ne les chauffe jamais à toute
vapeur ; aussi les trajets sont-ils plus lents qu'en Europe ;
c'est ce qui nécessite le restaurant, les distractions
variées et le reste.

Je me laisse donc entraîner à travers la province du
Massachusetts ; elle n'est pas des plus fertiles ni des plus
pittoresques, mais elle est couverte de sapins, de hêtres

et d'érables. Son importance est due à la petite ville de
Lowel, qui est un nouveau Manchester en miniature. Je
traverse plusieurs bourgs, ou petites villes, telles que Con-
cord, Lebanon, et j'arrive enfin à Béthel, où s'arrête la
voie ferrée. Deux chemins s'offrent à moi, l'un par Wellington, l'autre par Brandon ; le premier est plus sûr, le
second est plus difficile, mais plus court, plus pittoresque
et plus poétique. Je ne balance pas à prendre le second,
car il me tarde de connaître les sites du nouveau monde. Je
prends donc une voiture découverte afin de mieux jouir
du pays.

Le cocher fouette ses coursiers, et nous arrivons dans
la province du New-Hampshire, nous descendons et nous
montons, toujours au grand trot, car les chevaux de ce
pays ne connaissent pas d'autres allures. Les montagnes
nous entourent au nord, au midi, à l'est et à l'ouest ;
nous suivons le cours et les sinuosités capricieuses des
rivières ; malheur à nous si les chevaux prenaient peur
ou si le cocher était inhabile, car nous paierions de la vie
notre curiosité. Nous sommes souvent suspendus au-dessus d'un précipice de 7 à 800 pieds de profondeur ;
hommes, chevaux et voitures, tout serait en pièces
avant d'atteindre la rivière, dont Dieu seul connaît le
fond. Heureusement nous n'avons rien à craindre de
semblable. Les chevaux ont le pied si sûr, qu'ils
vous conduiraient à destination sans guide. Je ne pouvais cependant m'habituer à voir dormir le cocher pendant la nuit ; aussi j'usais de tous les moyens pour empêcher son sommeil. Tantôt je le poussais, tantôt je chan-

tais ou toussais puisque je ne pouvais lier aucune conversation avec lui : il ne parlait que l'anglais !

Il faudrait que je puisse vous transporter par une belle
nuit d'été au milieu des magnificences du nouveau
monde pour vous faire comprendre toutes les impressions que j'éprouvais lorsque, sur la crête d'un rocher, la
lune déchirant le nuage et comme assise sur le sommet
le plus élevé, inondait tout d'un coup de sa paisible
lumière ces immenses forêts qui couvrent les monts
opposés, cette vallée aux profondeurs incommensurables,
ces jolies maisons blanches, qui reflètent la lumière et
bordent la rivière, ces champs de blés et de maïs, ces
troupeaux de bœufs et de chèvres, qui errent çà et là,
avant de prendre leur repos au milieu des longues herbes.
La nature a des beautés que ni la plume ni le pinceau ne
peuvent reproduire : un voyage en Suisse pourrait seul
donner une idée des montagnes du nouveau monde.
Chaque pays a son cachet; de même que l'Espagne et l'Italie nous représentent les contrées tropicales, avec leur
gaîté exubérante, de même l'Amérique septentrionale
représente le grandiose, la sévérité, la majesté. Oui, j'aime
ces forêts noires et épaisses, ces rochers abruptes et
inégaux, ces larges rivières, coulant tantôt avec rapidité, tantôt avec une certaine majesté; j'aime cet homme
des bois, abattant ces grands sapins, les traînant à son
moulin, les sciant en planches, en madriers, les con-
fiant aux caprices de la rivière, qui les conduit ainsi à
la ville ; j'aime ces nombreuses familles aux mœurs non
plus sauvages, mais douces et toutes patriarcales. La bar-

barie a disparu de ces contrées depuis que la civilisation
européenne a pris sa place ; j'ajouterai même que ces habitants des bois sont plus avancés que certains paysans de
nos petites villes de France. Ils en ont rejeté le mal pour
ne retenir que le bon. Un exemple entre mille.

Il était neuf heures du soir, nous avions déjà fait dix
lieues à travers les montagnes ; le temps de prendre le
repas du soir était donc arrivé ; nous entrons dans une
maison très jolie et fort élégante, où nous devions relayer.
Une petite collation nous attendait, un véritable repas
champêtre, le *prandium* des anciens ; et je doute que
l'on en servît de plus élégant au poète de Mantoue. Du
beurre, des côtelettes de chèvres, des œufs, des framboises, de l'eau limpide, trois sortes de pain, avec des
petits gâteaux cuits sous la cendre. Que désirer de plus !
et pour servantes des jeunes filles fort convenables et
d'une attention surprenante. Ici point de fard, point d'étiquette, point de déguisement ; on vous sert plutôt par hospitalité que pour l'argent.

Nous continuons à suivre le cours de notre rivière,
lorsque, en traversant un taillis très épais, le conducteur
me fait remarquer deux ours énormes étendus sur le
bord du chemin. Mon premier sentiment fut un sentiment de frayeur ; mais il me rassura aussitôt en me faisant comprendre que l'ours n'attaque jamais le premier.
Par nature, cet animal est timide et poltron, aussi les
sauvages l'appellent-ils le lâche, le paresseux. — « Ils ont
le ventre plein, me dit le cocher, les entendez-vous ron-
fler ? » Il me tardait cependant d'être loin d'eux.

La première ville que nous rencontrons dans la province de Vermont est *Brandon*. Nous y arrivâmes à deux heures de la nuit. Nous descendîmes pour changer nos chevaux. Mais quel fut mon étonnement en ne voyant plus mes malles derrière la voiture. Elles sont tombées, me dis-je, ou je suis volé. Le cocher s'empressa de me rassurer ; il va retourner sur ses pas, et m'engage à me coucher. Mais le malheureux va peut-être s'emparer du butin et disparaître ! Que deviendrai-je au milieu de ces forêts, à 2,000 lieues de mon pays, étranger, sans linge et sans argent ! Et il m'engage à me coucher ! J'adore alors la Providence, et je m'abandonne à elle, prêtant cependant une oreille attentive ; mais je n'entendais que le sourd murmure de la rivière et le sifflement langoureux de la brise dans les grands arbres ; quatre heures sonnent, et soudain j'entends retentir au loin les sabots de mes chevaux. Je cours à la fenêtre : quelle joie ! j'aperçois ma voiture et mes malles ; la corde qui les retenait s'était rompue par les cahots de la route : mais je les retrouve intactes. Je me reposai alors quelques heures.

A sept heures, nous reprenons notre voyage. Les montagnes ne sont plus si élevées ; plus nous avançons vers le Canada, plus les plaines s'élargissent, la terre est mieux cultivée, les forêts s'éloignent de la route. Un bras de mer semble nous apparaître : c'est le beau lac Champlain, où doit se borner notre course en voiture. Je règle donc avec mon cocher, et je lui donne un géné-

reux pourboire, afin de l'indemniser des soupçons que
j'avais fait planer sur sa probité.

Je contemplai avec bonheur ces belles eaux sur lesquelles j'allais m'embarquer, et qui me rappelaient une
des illustrations de notre France, presque un compatriote ;
quelle heureuse coïncidence ! Je fus témoin d'un spectacle dont on ne peut jouir en Europe : je veux parler de
la réflexion de l'hémisphère dans les eaux du lac. Il n'y
a pas de miroir, d'instrument d'optique qui puisse reproduire ainsi les choses. Figurez-vous le plus beau ciel de
l'Italie, avec la lune dorant quelques légers nuages par-
semés çà et là d'étoiles bien plus brillantes et plus nombreuses que dans nos contrées ; des montagnes couronnées de leurs grands arbres, avec d'élégantes maisons
blanches ; en un mot, notre steamer couvert de passagers,
toute cette belle nature, réfléchie, mêlée, confondue dans
les eaux limpides du Champlain, pendant que notre
navire nous balançait agréablement parmi toutes ces
merveilles. Quel magnifique panorama ! Il faut avouer
qu'il en coûte pour s'arracher à de si sublimes jouissances ! Mais comme, j'avais besoin de repos, je ne me
réveillai que dans le port de Saint-Jean ; je repris le chemin de fer, puis un nouveau steamer qui me débarqua à
Montréal.

C'est le premier port du Canada. Je distinguai de suite
la ville anglaise et la ville française ; la première s'étend
à l'ouest, la seconde à l'est. Cette population de cent
quarante mille habitants s'est casée entre le fleuve, large
en cet endroit de 2 à 3 kilomètres, et un **gigantesque**

mamelon très vert et disposé en un parc fort pittoresque.
Soixante quinze mille Français sont donc établis en face
de soixante cinq mille Anglais ; quoiqu'ils ne se fréquentent
guère, ils vivent en parfait accord. Les Anglais appartiennent pour la plupart à l'administration, à la banque et
à la haute industrie ; à eux les grandes entreprises, les
capitaux, le commerce, et l'éducation pratique qui développe l'instinct des affaires ; leurs rues portent les noms
de leurs anciens gouverneurs. J'entre enfin dans la ville
française ; je fus heureux de pouvoir lire des enseignes
en français sur de coquettes maisons blanches, des rues
baptisées des noms de nos saints, une imposante basilique,
construite en granit due à la munificence des Sulpiciens
et qui me rappelle celle de Notre-Dame de Boulogne.

Pour embrasser maintenant l'immense panorama de
Montréal, je fais l'ascension du mont Royal, qui occupe
le centre de la grande île. Quelle fraîcheur dans ces bois !
Quelle délicieuse ascension ! Je fais une halte bien
agréable à la villa Maria, véritable petit paradis aérien ;
splendide monastère des sœurs de Notre-Dame du Canada,
au nombre de huit cents religieuses qui donnent l'instruction à dix-huit-mille enfants. Là, aux jours des grandes
retraites, quatre cents sœurs, me dit-on, chantent
ensemble les louanges de la Reine des Cieux. La villa
Maria, édifice roman, digne des plus beaux de l'Europe,
dresse ses tours dans le plus pur azur du ciel. Ce couvent
renferme deux cent quatre-vingts jeunes filles ; elles y
reçoivent une éducation qui peut être comparée à celle
de nos établissements du Sacré-Cœur en France.

Je poursuis ma course à travers les hêtres, les bou-
leaux, les érables, les mélèzes, les ormes, les chênes et
les saules pleureurs, tous vieux comme le monde. Comme
à la Grande-Chartreuse de Grenoble, tout ici est solennel,
sévère, imposant de grandeur ; c'est bien la forêt vierge ;
j'aperçois aussi la demeure des morts, mystérieuse
région que l'on découvre à travers des éclaircies, avec
ses horizons lointains et ses verdoyantes solitudes,
comme pour appeler nos espérances vers les rivages
éternels. Tel est le Campo-Santo de Montréal, qu'il me
faut traverser pour arriver à la cime du mont Royal.

Mes regards sont de plus en plus émerveillés : du sommet de cet observatoire, je vois le grand fleuve former à
cette île, de 11 lieues de long sur 3 de large, une ceinture digne de la plus opulente reine. Douze ou quinze
cents vaisseaux se balancent sur ses eaux, et font de
Montréal la souveraine du commerce de l'Amérique
anglaise ? Les îles Sainte-Hélène, Saint-Paul et les
rapides donnent une nouvelle vie à ce tableau ! Plus
loin encore, s'étendent et se perdent dans l'espace les
immenses plaines de l'archidiocèse, entourées de monts
vaporeux, derniers échelons des géants rocheux, qui me
rappellent nos Alpes françaises.

Et c'est comme noyée dans la profondeur de cette
vaste plaine et dans les eaux du Saint-Laurent qu'émerge
la ville de Montréal. Aussi qu'elle est belle cette cité avec
ses vingt et une paroisses, avec ses blanches églises, ses
dômes étincelants, ses tours imposantes, ses légers
minarets, ses châlets empourprés, ses parcs verdoyants

et son pont Victoria, avec vingt-trois arches de 100 mètres
chacune ! Et, si je pouvais embrasser d'un seul coup
d'œil cet archidiocèse, qui compte cinq cent cinquante
prêtres, trois cent soixante-dix-huit églises, trois séminaires et petits séminaires, cent dix couvents, vingt collèges et pensionnats, douze noviciats d'hommes, treize
de femmes, quatre cent vingt mille catholiques, ne pour-
rais-je pas m'écrier avec raison : Oh ! la belle Métropole !
oh ! le grandiose spectacle !

Heureux donc ce bon peuple canadien, qui vit à
l'ombre de ses clochers, passant comme ses pères dans
la simplicité des âges de foi, et ne connaissant que
l'église, la patrie, la famille et le travail.

Des églises, toutes en granit et en pierre de taille ; des
familles de douze, vingt et trente enfants. L'aimable con-
frère qui me sert de guide me raconte qu'un heureux
couple, au jour de ses noces d'or, réunit à sa
table cent cinquante-cinq enfants et petits-enfants ; ce qui
me rappelle le temps du bon et pieux Jacob. Pendant
mes quatre années de ministère au Canada, j'aurai
l'occasion d'ailleurs de revenir sur ces mœurs vraiment
patriarcales.

Après mon excursion, j'allai frapper à la porte du
séminaire pour y demander l'hospitalité : j'y fus parfaitement accueilli, et je me crus un instant à Saint-Sulpice
de Paris ; mais la maison semble plus richement assise.
Construite avec le granit, tout y est prévu : vastes salles,
chambres bien aérées et parfaitement chauffées ; réfec-
toires d'une simplicité et d'une propreté remarquables.

Ces religieux sont toujours les dignes fils des Ollier, des Molleveau et des Carrière. L'esprit de pauvreté et de détachement est toujours le même ; le million que la ville leur a versé au moment de leur installation, vous le retrouverez dans les églises, les chapelles, les hôpitaux, les asiles, les écoles et mille autres œuvres semblables ; tout retourne à leurs chers Canadiens ; leur bonheur est de garder l'esprit de leur ordre, et d'être de sages et fidèles administrateurs de leur belle seigneurie de Montréal.

Je fis au réfectoire la rencontre d'un ancien camarade de Saint-Riquier, le P. Havequez de Corbie, de l'ordre des Jésuites. Ces savants religieux sont venus prêter leur concours aux Sulpiciens pour l'instruction de la jeunesse.

Le Canada a ses poètes, ses littérateurs, ses historiens, ses légistes. Ses hôpitaux ne sont pas inférieurs à ceux de l'Europe. Le clergé a deux immenses ressources : les biens de mainmorte et la dîme. C'est grâce à son influence que l'élément français a pu soutenir la concurrence de l'élément britannique. Il fonda des écoles, des universités, et, sous son patronage, s'est conservé, avec la langue, le culte de notre vieille patrie française ; il maintint dans les paroisses rurales la pureté des vieilles mœurs, en prêchant d'exemple, car on ne trouverait pas ailleurs un clergé plus irréprochable. Leurs collèges, leurs universités sont aussi florissants que tous leurs autres établissements de bienfaisance. Ses ressources sont immenses, vous ai-je dit ; ainsi, dans la seule ville

de Québec, il possède le tiers de la propriété foncière ;
de plus il a conservé la dîme, qui se paie en argent ou en
nature et qui est le vingt-sixième de la récolte en céréales,
c'est-à-dire que la vingt-sixième gerbe appartient au
curé ; or ce revenu n'est pas mince. Certaines cures rapportent 15,000 francs. Ne croyez pas cependant que ce
soit une lourde charge, entravant la prospérité du pays ;
la mainmorte et la dîme n'empêchent point l'accroissement
de la richesse. Au Canada les biens de mainmorte sont
loués, et les prêtres sont des propriétaires moins durs aux
pauvres que les nouveaux enrichis. Où passent ces revenus ? En écoles et en œuvres de bienfaisance de toute
sorte. Aussi tous les gens du peuple savent lire et écrire,
gardent une foi vive et des mœurs pures. Qui oserait
faire un crime au clergé de prendre tous les moyens de
sauvegarder ces pieuses et saintes traditions, en interdi-
sant à leurs ouailles les mauvaises lectures, les feuilles
pestilentielles et subversives qui pourraient faire arriver
au pouvoir les ennemis de la sainte cause qu'il protège.
Non, ici pas plus qu'en France, l'épiscopat ne faillira à
son devoir.

Je reviens au bon P. Havequez et aux vénérables
Sulpiciens qui, pour la plupart, ont fait leurs études à
Paris, afin de tenir leur séminaire au niveau de ceux de
la mère patrie. L'un d'eux, M. Pinsonneau, prêtre fort
distingué, est aujourd'hui une des lumières de l'épiscopat
canadien. Il me parla longtemps de ce pays, et après
l'avoir bien étudié moi-même, j'ai trouvé qu'il était resté
bien au-dessous de la vérité, car le Canada est peut-être

Une forêt vierge.

le seul pays au monde qui jouisse d'une si grande liberté
religieuse, politique et civile. Comme le temps me pressait, je priai mon compatriote de me servir d'introduc-
teur auprès de Mgr Bourget, évêque de Montréal. Chemin faisant, il me parla du curé de Sainte-Hélène du
Canada, que je désirais saluer, un jésuite qui me parla
avec satisfaction de sa belle église, de sa résidence, mais
surtout de la foi et de la piété de ses paroissiens. Cette
petite île, en effet, formée par le Saint-Laurent, passe,
au Canada pour un véritable éden. Tout en causant, nous
arrivons chez monseigneur, prélat fort pieux en même
temps que fort distingué. Il m'accueillit avec une grande
affabilité, surtout quand je lui confessai que c'était son
dernier mandement qui m'avait déterminé à partir pour
le Canada; il m'embrassa avec effusion en me disant :
« Soyez béni, vous qui avez entendu ma voix ! »

CHAPITRE VI

QUATRE ANS AU CANADA

Le lendemain de bon matin, je pris le steamer pour
Québec ; j'avais 240 kilomètres à faire sur l'un des plus
beaux fleuves du monde, et à travers un pays tout neuf
pour moi. Quelle magnifique journée ! A peine avions-
nous fait quelques milles, que je me crus en Espagne,
sur le Guadalquivir. Plaines immenses, bien cultivées,

très fertiles et couronnées de jolies montagnes. Çà et là de charmants ilots semblant suspendus sur le fleuve. J'aperçus alors cette verdoyante Sainte-Hélène de mon compatriote, avec sa luxuriante végétation, ses confortables habitations, et une couronne de navires qui font sentinelle pour charger les produits de cette île fortunée. Au reste, toutes les paroisses situées sur les deux rives du fleuve sont des paroisses d'élite, habitées par une population française et portant les noms de la Vieille-France. Voici les comtés de Chambly, de Verchères, de Montcalm, de Richelieu, de Saint-Maurice, de Champlain, et plus loin Argenteuil, Belleville, la Beauce, Montmorency, Charlevoix. Nous relâchons aux Trois-Rivières, petite ville en effet assise au confluent de trois rivières.

Notre bâtiment glissait comme sur une glace de Saint-Gobain, réfléchissant les maisons blanches, et les bouquets d'arbres, qui se détachaient de la côte et s'avançaient, en masse sombre, au milieu des eaux brillantes du fleuve. Enfin Québec nous apparaît, comme une de ces fantastiques cités, que je me plus plusieurs fois à contempler dans l'assemblage bizarre des nuages brillants, à l'aube du jour ou au déclin du soleil. Cette ville, vue du Saint-Laurent, paraît comme suspendue dans les airs; les toits en fer-blanc, l'inégalité des maisons, la petite coupole du Parlement, les clochers des églises, tout contribue à lui donner un aspect imposant et peut-être unique dans le monde. Sans doute Constantinople, dans sa majestueuse position, avec sa forêt de

minarets, l'emporte en grandeur et en importance ;
Naples, avec ses hautes maisons en amphithéâtre, avec
son ciel bleu, son soleil radieux et les belles eaux de son
golfe, saisit l'imagination et enlève les sympathies ;
mais Québec, protégée par sa citadelle, assise sur le cap
Diamant, bâtie toute de granit, étincelante de mille feux
allumés par les rayons du soleil, entourée de ses vieux
remparts, qui datent de notre Champlain, contemplant en
reine son beau port, où se balancent plus de quinze
cents navires, Québec, dis-je, peut bien avoir une certaine fierté et quelque prétention. Laissons donc aux
soixante-quinze mille Français qui l'habitent l'orgueil
de leur cité, et félicitons Champlain d'avoir choisi un si
bel emplacement pour y établir le siège du gouvernement
canadien.

Avant de me rendre à l'Archevêché, sur le cap Diamant, en face du Saint-Laurent, une carte à la main, je
veux prendre une vue d'ensemble, et donner à mes
lecteurs un aperçu topographique de notre nouvel
empire.

Me voici donc dans la capitale de ce que l'on appelait
autrefois la Nouvelle-France, empire de 300,000 lieues
carrées, onze fois grand comme la France, étendu
comme la moitié de l'Europe. Il formait un immense
triangle, dont la base, au nord, était la baie d'Hudson à
Terre-Neuve, et le sommet au sud à la Nouvelle-Orléans.
Chaque côté du triangle avait au moins 800 lieues. Ce
vaste empire était divisé en quatre parties : au nord, le
pays de la baie d'Hudson et le Labrador ; à l'est, dans

le bassin du Saint-Laurent, le Canada avec l'Acadie et
Terre-Neuve ; à l'ouest, autour des grands lacs, les
Pays d'en haut ; au sud, dans le bassin du Mississipi,
la Louisiane. Aujourd'hui, ces interminables contrées
s'appellent : territoire de la Compagnie anglaise, de la
baie d'Hudson, Nouvelle-Bretagne, États-Unis du Nord.

C'est ici que j'évoquais tous les souvenirs du passé
et que je cherchais à me représenter par la pensée tous
ces pays aujourd'hui défrichés, cultivés, sillonnés de
chemins de fer, de télégraphes et de bateaux à vapeur.
Les explorateurs me répondaient aussitôt : Mais, dans
cette vaste terre, la main du Créateur y a tout fait à son
image ; voyez comme tout y est grand et proportionné :
des forêts de 30,000 lieues carrées, avec des arbres,
dit Charlevoix, vieux comme le monde, qui se perdent
dans les nues, et dont les essences les plus utiles
sont : le pin blanc, le pin rouge, le sapin, le cèdre,
l'épinette blanche, dont on fait les plus grands mâts,
l'épinette rouge, dont le bois est incorruptible ; le mérisier,
le chêne, l'érable, qui fournit une liqueur si excellente,
le hêtre, dont la farine nourrit les bêtes fauves ; l'orme
dont l'écorce sert aux sauvages à faire leurs canots.
Dans les profondeurs de ces bois, l'ours, le loup, le cerf,
l'élan, le daim et le chevreuil vivent en troupes nombreuses. Et ces houillères de 25,000 lieues carrées,
magasins de combustible minéral incomparables ; des
lacs qui sont de véritables mers peuplées des meilleures
espèces de poissons, où se pêchent des truites de
200 livres ; des fleuves de 1,200, 900, 500 et de

300 lieues de parcours. Ce Saint-Laurent, par exemple, le roi de tous, qui descend des monts rocheux, passe à travers les cinq lacs, en emporte le trop-plein de leurs eaux, reçoit les plus grands affluents, s'avance toujours si majestueux et va jeter à l'Océan une masse d'eau de 57,000,000 de mètres cubes par heure. Et sur les bords de ces fleuves et de ces lacs on peut contempler encore des fortifications gigantesques, formées d'ouvrages en terre, des tumuli avec leurs momies, des villes, des inscriptions hiéroglyphiques, des idoles, de bizarres sculptures, informes essais d'un peuple inconnu ; restes d'une civilisation autrefois maîtresse de ce pays et dès lors détruite depuis longtemps.

Dans la Nouvelle-France, disait Samuel de Champlain, il y a un nombre infini de peuples sauvages ; les uns sont sédentaires, amateurs du labourage, qui ont villes et villages fermés de palissades ; les autres errants, qui vivent de la chasse et de la pêche du poisson et n'ont aucune connaissance de Dieu. Ces peuplades appartenaient à quatre races principales : au nord, les Esquimaux ; à l'ouest du Mississipi, les Sioux ; les Algonquins étaient répandus dans l'Acadie, le bas Canada, la Nouvelle-Angleterre et les Pays d'en haut, c'est-à-dire autour des lacs ; les Hurons, qui forment la quatrième famille, étaient enclavés au milieu des peuples de race Algonquine, dans le haut Canada et dans une partie de la Nouvelle-Angleterre, entre les rivières Outaouais, Richelieu, Hudson, les monts Alléghanis et le lac Huron. Ils étaient les voisins des Iroquois qui se donnaient fièrement le nom de nation, et étaient campés entre le Saint-Laurent et les Alléghanis.

Tels étaient donc les habitants de cette grande terre. Ce serait ici le lieu de dire comment nous en sommes devenus les maîtres et comment nous l'avons perdue ; mais l'histoire de notre conquête et de la lutte gigantesque d'une poignée de héros, pour nous y maintenir, contre toutes les forces réunies des Hollandais, des Anglais et des Américains n'est pas à refaire. Pourtant je ne veux point taire les noms des fondateurs de la Nouvelle-France et de ses héroïques défenseurs.

Gloire à l'amiral Philippe de Chabot d'avoir pris l'initiative de cette conquête ; c'est par son ordre que le capitaine Verazzani explore ces contrées. Dix ans plus tard, Jacques Cartier de Saint-Malo entre, avec ses intrépides Malouins, dans les passes du Saint-Laurent, remonte ce fleuve bien avant dans les terres, et voit se développer devant lui d'immenses plaines que les Indiens appellent Canada, et que Henri IV appela Nouvelle-France. Peu après arrive Samuel de Champlain, avec les Récollets et les Jésuites ; il prend position du cap Diamant et fait du hameau indien de Québec la capitale de cette Nouvelle-France. D'accord avec Richelieu, Champlain donne tous ses soins à la conversion des Indiens, en fait des Français, peuple le nouvel empire de Normands, de Bretons en n'admettant que des catholiques.

Pendant ce temps nos missionnaires évangelisaient les Hurons, fondaient les missions de Saint-Joseph, de Saint-Louis, de Sainte-Marie sur les bords des lacs et pré-

Québec en 1799.

paraient ainsi les voies à nos armes. Les Pères de Bré-
beuf et Lallemant arrosaient de leur sang ces plaines
sauvages. Infatigables pionniers de la civilisation chrétienne, ils attiraient à notre alliance toutes ces tribus ;
grâce à eux nous occupions déjà les parties centrales et
occidentales appelées aujourd'hui par les Américains *far-
west*. Jean Bourdon, intrépide voyageur, avait déjà pris
possession, au nom de Louis XIV, de la baie d'Hudson.
Nous étions donc les maîtres du Nord et du Centre ;
mais, d'après le rapport des sauvages, le pays s'étendait
encore bien plus loin à l'ouest et au sud, arrosé par un
grand fleuve qu'ils appelaient Meschacébé ou Père des
Eaux. Trois explorations sont entreprises vers ce point :
une première par Cavalier de la Salle, de Rouen ; une
deuxième par les Pères Marquette et Joliet qui reconnurent le confluent du Missouri et du Mississipi. Ce ne
fut qu'au troisième voyage que de la Salle, suivant la
rivière des Illinois, atteignit le Mississipi, le descendit
jusqu'au golfe de ce fleuve, et prit possession de cet
immense bassin, auquel il donna le nom de Louisiane.
La Vérendrye, quelques années plus tard, par ses
voyages dans le haut Missouri et dans tout le pays
compris entre les Monts Rocheux et les lacs Supérieur
et Winnipeg, vint compléter toutes ces découvertes qui
nous rendirent maîtres de tout le bassin des cinq lacs.

C'est alors que les Anglais s'unirent aux Hollandais,
aux Américains et aux Iroquois pour nous écraser et se
mettre à notre place. Pitt, comme Caton, n'avait qu'un
cri de guerre : Détruire le Canada ! Louis XV, entraîné

dans la guerre de Sept ans par la Pompadour et l'abbé de Bernis, abandonna le Canada à ses propres forces. D'ailleurs les hommes politiques, pas plus que le public, ne s'intéressaient à cette conquête. Un Voltaire n'écrivait-il pas : On plaint ce pauvre genre humain qui s'égorge dans notre continent à propos de quelques arpents de glace au Canada. Eh bien ! des héros tels que Frontenac, d'Iberville, Duquesne, Montcalm, Lévis, Bougainville, Hocquart, Parlamarque et Beaujeu ne pensèrent pas ainsi. Nous combattrons, disait de Montcalm, nous nous ensevelirons, s'il le faut, sous les ruines de la colonie. Avant lui Frontenac le comprenait ainsi, et avec une poignée d'hommes il tient en échec, devant Québec, l'amiral Phibs, et le force à se retirer à Boston. D'Iberville, lui, est la terreur des Anglais de Terre-Neuve à la baie d'Hudson. Pendant ce temps, de la Galissonnière reliait Québec au Mississipi par une grande ligne de postes militaires, qui assuraient les communications entre le Canada et la Louisiane. Le marquis Duquesne, futur amiral, organise l'armée et lui donne la discipline française. Nos ennemis, au contraire, préludent à la grande guerre par des actes de trahison et de piraterie. George Washington ne se lavera jamais de l'assassinat militaire du commandant Jumonville, ni l'amiral Boscawen d'avoir attiré le capitaine Hocquart devant la bouche de ses canons et de l'avoir foudroyé. Et la déportation des Acadiens? N'étaient-ce pas là des actes de brigandage? M. de Beaujeu nous vengea dans les plaines de l'Ohio; ses sauvages chargèrent Braddock et les siens, et treize cents restèrent sur le champ de bataille. Dieskau battait aussi le colonel Johnson près du lac Saint-Sacrement.

Mais voici Montcalm et ses aides de camp, Bougainville, Lévis et Bourlamarque ; les mesures sont si bien prises que le fort Chouégen est emporté, le colonel Mercier tué, et les Anglais forcés de capituler. Montcalm voulut compléter sa victoire par la prise du fort William-Henri ; ce fut le coup de M. de Bourlamarque, qui prit quarante-trois bouches à feu et fit deux mille deux cent quatre-vingt-seize prisonniers.

C'est alors que l'Angleterre voulut à tout prix s'emparer du Canada. Abercramby arrive avec vingt-deux mille hommes, arme vingt-huit mille miliciens, et se prépare à envahir le Canada par trois points ; d'abord Louisbourg, puis le fort Carillon et le fort Duquesne.

Qu'avions-nous pour lutter contre de pareilles forces ? A peine six mille hommes et la famine sur certains points ; mais nous possédions Montcalm, Lévis, Bourlamarque et Bougainville ; au fort Carillon, ils s'étaient fait des retranchements avec des troncs d'arbres ; ils attendaient Abercramby après la prise de Louisbourg ; sept fois l'assaut est donné, sept fois il est repoussé, aux cris de : Vivent le roi et notre général ! Lévis fait une sortie au flanc gauche ; le canon du fort repousse la flottille anglaise ; l'ennemi bat en retraite après avoir perdu six mille hommes ; de notre côté trois cents restaient sur le terrain, mais Bougainville avait reçu un coup de feu à la tête.

Malheureusement, Louisbourg, au nord, ouvrait le chemin de Québec aux Anglais ; et, les forts Frontenac et Duquesne étant détruits, ils étaient maîtres de la vallée de l'Ohio.

Il nous restait le centre, Québec et Montréal ; mais il ne fallait plus compter sur la mère patrie ; et l'on était toujours aux prises avec la famine. Wolf s'avance sur Québec avec onze mille hommes et une flotte de vingt vaisseaux ; Amhert marche sur Montréal avec douze mille hommes ; Prideaux occupe le fort de Niagara pour couper nos communications avec la Louisiane. Quarante mille hommes allaient donc nous attaquer, et nous avions à peine cinq mille hommes à leur opposer. Vaudreuil fait une levée en masse d'hommes de seize à soixante ans. Pouchot est envoyé à Niagara ; Corbière, à Frontenac ; de la Lorne, sur le lac Ontario ; Bourlamarque occupe les lacs Saint-Sacrement et Champlain ; Montcalm, Lévis et Bougainville gardent Québec contre Wolf ; en cas d'échec, le rendez-vous est à Montréal. Vaudreuil n'ayant pas fortifié Québec, Montcalm fit un camp retranché à Beauport sur la rivière Montmorency ; Wolf, guidé par le traître Denis de Vitré, bombarda Québec et brûla quatorze cents maisons ; puis il se jeta sur Beauport avec cent dix-huit pièces de canons, mais il en fut vigoureusement repoussé. Il remonta alors le Saint-Laurent et se posta sur les hauteurs d'Abraham. Le choc fut terrible, mais il finit par une défaite entière de notre armée ; les deux généraux furent tués ; Montcalm fut enterré par les siens dans un trou de bombe, fosse digne de l'honneur de nos armes. C'en était fait, désormais : le Canada devint colonie anglaise, et l'on dit que la Pompadour s'écria : « Enfin le roi dormira tranquille ; » tandis que l'homme de Ferney écrivait au marquis de Chauvelin : « Si j'osais, je vous conjurerais à genoux de nous débarrasser pour jamais du Canada. » Avant de continuer mon récit, j'ai voulu donner à mes lecteurs une idée de nos gloires et de nos faits dans l'Amérique du Nord pour leur montrer qu'en la parcourant, avec moi, nous n'y voyagerons pas en étrangers. Je descendis du cap Diamant, et me fis conduire à l'archevêché, où je fus reçu en ami, car j'y étais attendu.

Il était six heures du soir, je fus accueilli cordialement par M. l'abbé Cazeau, secrétaire général ; nous avions déjà fait connaissance par correspondance. Comme cela fait du bien au pauvre étranger, de trouver des amis à 2,000 lieues de son pays ! Le vénérable archevêque m'accueillit comme le plus tendre de ses enfants. Je le vois encore, avec ses quatre-vingt-deux ans, s'avancer alerte vers moi et me dire d'un air jovial : — Eh bien ! mon cher abbé, comment vous accommoderez-vous de nos 30 degrés de froid ? — Monseigneur, je suivrai le conseil de l'apôtre, je m'efforcerai de me faire tout à tout. Au dîner ma place fut à la droite de l'archevêque, insigne honneur comme vous le voyez ; en face de monseigneur, son coadjuteur Mgr Turgeon, puis le personnel de l'évêché, et MM. les curés de la cathédrale et de la Pointe-Lévis ; tous me mirent à contribution : le premier, pour chanter la messe le lendemain ; le second, pour prêcher le mardi suivant. J'acceptai pour donner satisfaction à chacun.

Le lendemain je visitai la ville ; un jeune abbé me servit de cicerone ; nous descendîmes par des rues escarpées, assez mal pavées et bordées de trottoirs en bois. Comme les monuments sont rares ici, je m'attachai aux maisons et aux plus petits détails de leur construction. Le bois, la brique rouge et la pierre grise en sont les principaux éléments ; elles ne comportent qu'un ou deux étages. Le point important est de les clore contre l'intempérie de l'hiver. Aussi les portes, les fenêtres sont doubles, avec leurs indispensables persiennes vertes ; l'escalier ferré de cuivre est proprement couvert d'une toile cirée. Les équipages manquent ; mais en revanche vous rencontrez mille petites voitures bariolées aux couleurs voyantes, garnies d'armatures en fer poli ; de hauts cabriolets, en forme de conques marines, montent ou descendent au trot les vieilles rues tortueuses de la cité, je n'ai plus sous les yeux les avenues et les damiers rectilignes de Boston et de New-York. Nous arrivons au pied de la citadelle, défendue par deux canons russes pris au siège de Sébastopol. Les Anglais ont d'ailleurs l'habitude de hérisser de canons toutes les côtes de leurs colonies ; mais je n'aperçois guère les canonniers. De la terrasse le panorama est splendide. Le Saint-Laurent, large de 4 kilomètres, semble dormir tant ses eaux sont profondes. Il poursuit cependant son cours majestueux vers l'Océan, et plus il approche de son embouchure, plus il s'élargit, semblant dire à ses deux rives : Laissez-moi passer ! Alors ce n'est plus un fleuve, c'est une mer qui se verse dans une autre mer, car les fleuves larges de 60 kilomètres sont rares. Dans sa course de 1,200 lieues , il apporte les eaux de toutes les rivières et le trop-plein de tous les lacs de l'Amérique avec une certaine lenteur et une grande majesté. Les grands arbres qu'il charrie, les mille vaisseaux qu'il porte lui paraissent bien légers. Et quand décembre et janvier lui apporteront toutes leurs rigueurs, ils pourront bien congeler sa surface, mais il n'en portera pas avec moins d'aisance leurs montagnes de neige : ses eaux, sans rester captives, n'arriveront pas moins jusqu'à l'Océan. En levant les yeux, j'aperçois le gros bourg de la Pointe-Lévis avec ses toits étincelants ; le dôme de son église où je dois prêcher demain ; plus bas les îles d'Orléans et de Saint-Jean, des bois, des prairies, et à l'extrême horizon la chaîne des Laurentines. Vraiment j'avais peine à m'arracher à ce ravissant spectacle. Avant de descendre je donne un coup d'œil au parc, la promenade favorite des habitants. J'y salue les statues de Wolf et de Montcalm, le vainqueur et le vaincu des plaines d'Abraham.

Le Séminaire et l'Université de Laval sont dans le grand style du XVIIᵉ siècle ; les écoles italienne et française sont noblement représentées dans le Musée ; la cathédrale est vaste et imposante, d'une grande richesse à l'intérieur. Ici, comme en France, le marché public est voisin ; il se tient en plein air, les ménagères peuvent s'y approvisionner de légumes, de tomates, d'énormes radis rouges, de framboises et de myrtilles. Mais notre raisin doré, nos pêches veloutées, nos poires Duchesse, nos pommes, dignes du jardin des Hespérides, ne se cueillent point au Canada. Du marché nous descendons dans la ville basse, le quartier du commerce, le grand déballage européen; un peu plus loin vous trouverez un bazar de modes plus ou moins modernes, où l'Angleterre fait assez triste figure. Nous avons fait bientôt le tour des remparts, d'où mon intelligent cicerone appelle mon regard sur le village de Lorette, habité par des Indiens, la plupart Métis; car les purs dédaignent la vie sédentaire, préférant leurs forêts vierges et leurs grands fleuves. J'aperçois toute une tribu campée à deux pas, venue là pour faire l'échange de leurs pelleteries contre des objets européens. Je ne m'arrêterai point à la description de leurs costumes divers. Chateaubriand l'a faite d'une manière si poétique. Nous rentrons en ville, en traversant les plaines d'Abraham, où s'est décidé le sort du Canada, sous le triste règne de Louis XV. Les Anglais ont fait élever une colonne commémorative de leur conquête sur les hauteurs de Sainte-Foy.

Le lendemain de bon matin, je partais en compagnie de quelques prêtres et du vénérable curé de Québec pour la Pointe-Lévis, où je devais prêcher; un élégant bateau à vapeur nous déposa en moins de vingt-cinq minutes sur l'autre rive du fleuve. Nous gravissons joyeusement les pentes du bourg au milieu des habitants à l'air sympathique, et au son des cloches qui annonçaient notre arrivée pour la grande fête. Tous les sentiers amenaient

une foule de pieux fidèles sur la place de l'église ; des
chars découverts, des cabriolets, des bogueys, attelés
de chevaux vigoureux, conduisent les gros propriétaires et les fermiers, des points les plus éloignés de la
paroisse. Le coup d'œil était charmant; les hommes,
vêtus de longues capotes grises ou de manteaux de castor, coiffés de gros bonnets avec oreillettes et menton-
nières ; les yeux et le nez seuls étaient découverts. Les
femmes, coquettement enveloppées dans leurs manteaux,
portaient de longues cravates de laine ou de martre; les
fillettes, une jolie ceinture de soie; autant de figures
fraîches et honnêtes. L'église est vaste, le dôme étincelle
au soleil; l'intérieur est riche et luxueux; trois nefs
garnies de bancs brillent comme de l'acajou, ce sont les
places réservées aux dames; les hommes se tiennent
debout dans les bas-côtés; le chœur est entouré de quarante ou cinquante stalles occupées par les notables de la
paroisse, tous revêtus du rochet et chantant en mesure
l'ordinaire de la messe.

La communion générale eut lieu, composée de trois
mille habitants de la paroisse ; jamais je n'avais vu un
pareil spectacle, aussi comme je fus heureux de prendre
la parole au milieu d'une assemblée si chrétienne ! Je
remercie Dieu de m'avoir conduit dans un pays plein
de foi. Je parlai trois fois dans la même journée, sans
regretter mes fatigues.

Mes confrères ne voulurent pas que je quittasse Québec
sans me faire contempler une des merveilles du Canada,
le saut de Montmorency. Si le Niagara n'existait pas,

Montmorency n'aurait point son pareil dans le monde :
toute une rivière, large de 50 pieds, se précipite d'une
hauteur de 250 pieds dans une des branches du Saint-
Laurent, en face de l'île d'Orléans. A 6 kilomètres, vous
entendez un sourd mugissement : prêtez l'oreille tournez les yeux du côté où vous arrive le bruit, vous apercevrez comme un drap d'argent scintillant au soleil et
se déroulant d'une hauteur incommensurable. Mais, à
mesure que vous approchez, les lieux se dessinent, le
Saint-Laurent, tout en continuant sa course majestueuse, semble étendre un de ses bras pour amortir la
chute de l'infortunée naïade, et la recevoir dans son lit
hospitalier.

La scène se passe dans une immense vallée, large de
20 kilomètres environ. Si vous vous placez sur la rive
droite du Saint-Laurent, vous apercevez la chute à
15 kilomètres; plus nous approchions, plus l'effet était
séduisant; cette masse d'eau, qui glissait sur ce granit
des premiers âges, produisait en moi, un bruit ressemblant à celui que produiraient cent mille pièces de soie
déchirées en même temps; j'étais remué sensiblement,
aussi, je ne pouvais détacher mes yeux de cette immense
nappe d'eau si éblouissante qu'elle fût. Mon compagnon
s'en aperçut, mais il n'osait m'adresser la parole. Pour
me laisser plus longtemps sous le charme de cet imposant spectacle, le pilote lui-même, heureux de mon bonheur, respectait mon extase ; enfin je repris ma course
vers Québec, par une route bordée de jolies maisonnettes
bâties de biais, de manière à résister aux ouragans de

neige ; je passe près de l'asile Beaufort, où des aliénés
des deux sexes sont installés confortablement, aux frais
du séminaire Saint-Louis, près des tours rondes qui
servaient d'ouvrages avancés à Québec, à l'époque où
cette ville était considérée comme la plus redoutable forteresse de l'Amérique du Nord ; puis le faubourg Saint-
Roch et le faubourg Saint-Jean.

Comme je ne suis pas venu au Canada en touriste,
mais en missionnaire, je me présente donc à Monseigneur, le priant de vouloir bien me faire connaître ma
destination. « Je vous envoie, me répondit-il, avec l'un
de mes prêtres les plus respectables, le vénérable
M. Dumoulin, qui fut le premier missionnaire de la
Rivière-Rouge. Je regardai ma feuille de route, elle
portait : Yamachiche. Voilà un nom sauvage, dis-je
à Monseigneur ; c'est vrai, une tribu y avait là un poste
autrefois, mais elle n'y a laissé que son nom. Je deman-
dai la bénédiction de mon évêque, puis je m'embarquai
pour ma nouvelle paroisse. Une jolie voiture attelée de
deux fort bons chevaux, m'attendait à l'arrivée ; seulement l'attelage, à défaut de route carrossable, cheminait
lentement. Mais vienne l'hiver, dit mon automédon,
vous verrez que nos routes, nos chevaux et nos équipages ne le cèdent pas aux vôtres. Quand nous aurons
une couche de neige de 8 à 10 pieds d'épaisseur,
nous volerons, nous glisserons dans nos *wagines* comme
la locomotive sur ses rails, la neige ayant la solidité
d'un marbre de Paros. Tout en causant ainsi, j'aperçois
à travers les grands arbres les scintillements du dôme

de notre église, car les Canadiens ont un goût prononcé pour les dômes ; je ne les en blâme pas, le dôme a sa majesté et son élégance. Autour de l'église sont groupées les belles et vastes maisons de maîtres : c'est l'aristocratie de la paroisse, c'est-à-dire les premiers colons qui aient porté la hache sur les arbres primitifs de la vieille Amérique. En effet, les défricheurs canadiens commencent, avant tout, par faire la part de Dieu et du prêtre. L'église et le presbytère bâtis, la colonie travaille alors pour elle. Aussi la Providence bénit-elle ces chrétiennes populations. Quelles sont belles et prospères toutes ces paroisses ! J'entre dans le presbytère de Yamachiche, qui n'a rien de commun avec les humbles demeures de nos curés français. Ici ce sont de vastes et imposantes métairies. La maison du maître est en fort beau granit, large, spacieuse, ne se composant que d'un rez-de-chaussée, en prévision de la neige et des rigueurs de l'hiver ; la toiture est en fer-blanc, les fenêtres sont doubles, les persiennes élégantes, le tout est très propre. Le sous-sol est élevé à cause des fortes gelées, ce qui donne à l'édifice l'apparence d'une maison avec étages ; un vaste corridor se poursuit d'une extrémité à l'autre ; à droite et à gauche, des chambres confortablement meublées ; un énorme poêle, enclavé dans la cloison, chauffe deux chambres jour et nuit. Comme dans toute maison de maître, il y a le salon, la salle à manger et même une salle de billard ; car le clergé canadien est hospitalier, et les prêtres se réunissent souvent entre eux. La cuisine et les dépendances sont grandes et fort bien installées, le per-

sonnel en est nombreux ; chaque maison se suffisant à
elle-même, les fournisseurs n'y sont pas connus, sauf les
pêcheurs, et encore beaucoup de maisons possèdent le
pêcheur et le chasseur, la basse-cour et la boucherie, la
halle aux denrées et la boulangerie. On dirait une grosse
ferme avec une écurie de cinq ou six chevaux, une étable
de bonnes laitières, le magasin à fourrage ; plus loin la
grange sacrée de la dîme ; enfin toute la gente gallina-
cée, depuis la poule cochinchinoise jusqu'à la magnifique dinde indigène.

Je contemple avec plaisir mon domicile et le nombreux personnel qui l'habite, lorsque le maître
m'apparaît avec une physionomie douce et bienveillante,
mais il est brisé par l'âge. J'avais devant moi de belles
et de saintes ruines. Je dis *saintes*, car ce prêtre avait
usé sa santé sur les bords de la Rivière-Rouge au
milieu des montagnes rocheuses. Il me parlait souvent
des sources du Saint-Laurent et de son cours majesteux.
Comme je le félicitais du premier repas que je prenais
chez lui, il me répondit : — Il est préférable à celui que
je fis un jour sur la Rivière-Rouge ; il y avait deux
jours que nous étions à jeun, mes hommes chassaient et
pêchaient, et ils ne prenaient rien. Nous perdions courage, nous nous lamentions et nous priions, lorsque,
soudain, j'aperçois un immense oiseau de proie plonger
dans nos eaux et en retirer un magnifique poisson, il
planait au-dessus de notre barque avec une certaine
complaisance. « Sainte Providence, m'écriai-je, ayez
donc pitié de votre missionnaire ! » L'oiseau ouvrit un

large bec, et le poisson tomba à nos pieds. A ce récit,
de grosses larmes coulaient encore des yeux du missionnaire. Enfin, vous êtes chez vous, me dit-il,
demain vous inaugurerez votre ministère.

En effet, pendant neuf mois, j'eus la responsabilité
d'une paroisse de cinq mille âmes avec une étendue de
15 lieues. A trente-trois ans, le fardeau ne m'effrayait
pas, bien que remis à peine du climat brûlant de Bourbon;
je m'étais retrempé au foyer paternel, et je m'écriais
comme le coursier de Job : Allons! Allons! l'espace!
encore l'espace! Comme vous le voyez, l'espace ne me
manquait pas, car ici chaque famille s'établit sur sa
terre et, chaque terre comprend 60 ou 100 hectares. Que
de coups de hache a demandé une telle installation! tous
les jours encore elle retentit sur les grands arbres ; ce
qu'elle ne peut abattre, le feu le dévore, car il faut de la
place à ces nombreux cadets de la famille; et ils
tiennent, autant que possible, à se grouper autour du
domaine paternel ; voilà comment la paroisse prend,
chaque année, un développement nouveau. Quand la
place manque, les cadets vont à la recherche d'autres
cours d'eau et de terres plus riches ou plus faciles à
défricher ; ils deviennent ainsi eux-mêmes les pères
de nouvelles paroisses. La besogne ne sera donc
pas moindre pour le pasteur, et je m'en félicite. Le
dimanche je fus à mon poste à six heures. Quand je
parus à la sacristie, je fus vivement impressionné par le
nombreux personnel de chœur ; j'y retrouvai, comme à
la Pointe Lévis, l'élite de la paroisse ; cinquante fidèles

étaient en habit de chœur ; je les félicitai sur leur bonne
tenue et sur leur esprit de foi. J'avais trouvé déjà le
chemin de leurs cœurs, aussi, je ne rencontrai que des
visages sympathiques ; plus de trois mille personnes
s'étaient rendues à l'office. Les vêpres n'offrent pas un
spectacle moins consolant. Ici l'on sait ce qu'est la sanc-
tification du dimanche. Les habitants les plus proches
retournent dîner chez eux, les plus éloignés campent sur
la place ou se restaurent dans leurs voitures. Quelles
saintes agapes !

J'étais à peine reposé des fatigues de la veille qu'il me
fallut partir à l'une des extrémités de la paroisse, distante
de 6 lieues ; il était neuf heures du matin. Deux voitures
m'attendaient, l'une devait me précéder pour annoncer le
passage de l'Homme-Dieu. Au premier son de la cloche,
toutes les portes s'ouvraient, les hommes, les femmes, les
enfants accouraient sur le bord du chemin et se proster-
naient humblement ; le cavalier descendait de son cheval,
le chartier de sa voiture, tous donnaient des marques
insignes de leur foi et de leur amour de Dieu. J'arrive à
la demeure de la malade ; plus de cent personnes des
environs sont agenouillées dans l'attitude du respect et
de l'adoration, je leur donne la bénédiction et je pénétrai
dans la chambre de la malade, une véritable chapelle
ardente, tendue de blanc ; le sol était jonché de fleurs et
de verdure. Cette jeune fille de vingt-cinq ans me faisait
penser à l'infortunée fille de Jaïre, aussi je ne pus
m'empêcher de donner un libre cours à mes larmes.
Elle payait un tribut au rude climat de son pays. *Ecce*

Agnus Dei! Et cet ange de la terre frappait sa poitrine qui ne faisait plus entendre qu'un souffle rauque et faible ; elle éleva alors ses mains amaigries vers le ciel, comme pour nous dire : Bientôt je serai Là-Haut. Je lui donnai l'extrême-onction; je la bénis une dernière fois, et je la quittai en lui disant : Ame virginale, pars, pars pour le pays des vierges; va grossir le cortège de l'Immaculée Conception et, souviens-toi de tes frères et de tes sœurs de la terre.

Je m'arrachai à regret de ce béni sanctuaire. En revenant sur mes pas je cherchais à me faire une idée exacte de la topographie de ma paroisse. Elle s'étend de la rive gauche du Saint-Laurent à une profondeur de huit à dix lieues ; au delà, ce sont des forêts qui courent jusqu'aux glaces de la baie d'Hudson ou du fleuve Amour. Chaque propriété est entourée de cloisons formées d'arbres entiers. La plus grande partie des terres est en pleine culture, mais l'agriculture est encore arriérée, car on y retrouverait au besoin, l'outillage complet de nos ancêtres. La terre est neuve heureusement, elle peut se passer de la science agricole de l'homme. Il suffit de gratter un peu l'épiderme et de confier à ces informes sillons le froment, l'orge et l'avoine, tout pousse, comme au lendemain de la création. Je voyais avec plaisir le père, entouré de ses douze ou quinze enfants, recueillir avec bonheur ces belles moissons, sans oublier à chaque dizaine la gerbe du pasteur. Il y a aussi quelques prairies artificielles, où paissent en liberté les petits chevaux du pays, les bœufs et les brebis.

La sainte Quarantaine approchait. L'usage étant le même qu'en France, je réunissais les fidèles trois fois par semaine et je leur faisais une instruction. A ma grande satisfaction, les fidèles arrivaient nombreux des coins les plus reculés de la paroisse. Sans calculer avec la rigueur de la saison, car nous étions au milieu de l'hiver, avec douze pieds de neige et 25 degrés de froid; plus qu'il n'en faut, n'est-ce pas, pour effrayer certains chrétiens de la France. Mais voyez tous ces traîneaux glisser sur la neige, au grand trot de chevaux vigoureux; on dirait des centaines de locomotives qui se poursuivent; l'haleine qui sort des naseaux des chevaux ressemble à la vapeur; les hommes couverts de leurs casques de peau, de leurs manteaux de castor ou de bison ressemblent aux animaux dont ils portent les dépouilles; ou bien hérissés de givre, vous les prendriez pour des spectres enveloppés de linceuls. Femmes et enfants bravent aussi la saison. Ne soyez donc pas étonnés si Dieu verse sur eux les grâces les plus abondantes. Avec quel respect ils écoutent sa parole! Aussi mon auditoire grossissait à chaque réunion. Plus la Pâques approchait, plus la besogne augmentait; mon confessionnal s'était transformé en une véritable ruche. C'était bien ici que le poète pouvait appliquer son *fervet opus*. Comme les abeilles, Canadiens et Canadiennes étaient empressés à leur tâche; il fallait les voir scruter leur conscience, car ils prennent au sérieux l'affaire de leur salut. Les confessions sont promptes et faciles avec de tels pénitents. Aussi ne vous étonnez pas si je pus

suffire seul à préparer à la communion pascale toute ma
paroisse composée de plus de cinq mille habitants ; pas
un ne fit défaut à cette grave solennité digne des temps
primitifs de l'Église? Selon moi, ce qui contribue puis-
samment à la conservation de la foi et des mœurs, c'est
l'isolement des familles et le grand nombre d'enfants ;
chaque famille vit sur sa terre et fait tout par elle-même ;
l'église est le seul point de réunion. On se visite bien
d'une concession à une autre ; on se traite avec galan-
terie, car le Canadien est Français avant tout; mais ce
sont toujours des relations de chrétienne amitié ou de
politesse. Vous ne verrez point dans leurs assemblées
des toilettes tapageuses ou trop voyantes, mais les jeux
et les passe-temps de nos aïeux. Les jeunes gens se
voient assez pour s'apprécier mutuellement, se recher-
cher par les liens d'une chrétienne union. La pureté des
mœurs de ce peuple se reconnaît encore à leur santé
vigoureuse. Le Canadien est un homme fortement établi,
aux épaules larges et athlétiques, aux bras musculeux;
il faut le voir brandir la hache sur les arbres robustes
des forêts. D'une taille ordinaire et bien prise, il résiste
aux plus dures fatigues. Bûcheron infatigable, chasseur hardi et intrépide, canotier vigoureux, pêcheur
intelligent et adroit, il est le soutien de sa famille et la
Providence des missionnaires. Sur le déclin de la vie,
venez le contempler à table entouré de ses douze ou
quinze enfants vous le prendriez pour le vieux Jacob car
il est aussi fier que lui de sa nombreuse postérité. Pour
clore la sainte Quarantaine, je vous citerai un exemple

de longévité parmi eux et dont ils étaient fiers : un Français, prisonnier de la guerre de l'Indépendance, appre-
nant qu'un prêtre de ses compatriotes était dans le diocèse, voulut se confesser à lui. Je partis donc par le premier vapeur car la distance était de trente lieues environ ; en arrivant sous son toit, j'aperçois un magnifique
vieillard de cent dix ans, assis sur le pas de sa porte : la
tête blanche, la barbe longue et bien peignée, on eût dit
un sénateur de la vieille Rome sur sa chaise curule,
armé du sceptre d'ivoire ; je voulais me jeter à ses pieds,
mais il me prévint en me saisissant la main et en me
donnant l'accolade. Cet épisode édifiant de mes missions sera toujours présent à ma mémoire.

Une première communion au Canada présente une
tâche plus lourde que celle d'une mission. Cette grande
action doit être précédée par trois mois de classes régu-
lières, ou cours de religion qui commencent le matin de
neuf heures à midi, le soir de une heure à quatre heures
et cela chaque jour ; mais c'est un travail nécessaire, indis-
pensable. Ici, comme pour les biens de la terre, il faut
semer et récolter en quatre mois, car il serait impossible d'obliger des enfants, pendant huit mois de neige et
de froid excessif, à faire un trajet de cinq à six lieues.
En conséquence, on choisit les trois plus beaux mois ;
les enfants les plus éloignés prennent leur pension aux
environs de l'église, et au premier coup de cloche toute
la gente enfantine accourt joyeuse par tous les sentiers,
se dirigeant vers la sacristie, car c'est là qu'ont lieu les
confessions, que se disent les messes   pendant la

semaine, et que se font les cours de religion, de sorte
qu'une sacristie au Canada prend les proportions d'une
chapelle. Car, s'il fallait chauffer l'église chaque jour, la
consommation serait grande. Les sacristies contiennent
jusqu'à deux cents personnes. C'est donc là qu'entouré de
mes cent cinquante enfants, je fais un cours abrégé de
toute la doctrine chrétienne ; les heures s'écoulent sans
fatigue, car ces jeunes enfants vous écoutent toujours avec
une attention soutenue, et ils comprennent vite ; aussi je
mettrais volontiers en parallèle mes jeunes auditeurs
avec ceux de nos catéchismes de persévérance en
France. Que de choses mes jeunes Canadiens appren-
draient encore à nos jeunes garçons de quinze ou
seize ans ! C'est ce qui explique la foi robuste de ce
peuple ! Le grand Jour approche, la retraite commence ;
la sacristie devient insuffisante, car ce n'est pas une
retraite d'enfants, mais une retraite paroissiale ; la
famillle de chaque communiant en prend sa part, chaque
maison de la paroisse y a ses représentants, huit à
dix prêtres suffisent à peine ! Comment voulez-vous que
les jeunes communiants ne soient pas impressionnés par
e déploiement d'une telle solennité ? Toute la paroisse
est debout, toutes les familles sont à la sainte Table :
aussi ne perdent-ils jamais le souvenir d'une telle journée. Oh ! peuple canadien, conserve bien ta religion,
tes pieuses coutumes, et je te promets encore de longues
suites de prospérité et de grandeur ; car j'appelle grand,
un peuple qui a le respect de Dieu et de lui-même.

Vous voyez quel est le ministère du prêtre au Canada.

Je restai à Yamachiche trois ans, puis je fus envoyé à
Nicolet pour remplacer le vénérable curé qui accompa-
gnait Monseigneur en tournée pastorale. Je passai un an
dans cette paroisse. Fatigué par la rigueur du climat,
je songeai à la patrie absente et je fixai mon départ à
la bonne saison. Mais auparavant je vous donnerai
une idée bien abrégée de la religion et des mœurs des
Canadiens.

CHAPITRE VII

RELIGION. — MŒURS DES CANADIENS

Le Canada mériterait plutôt le nom d'Ancienne-France
que celui de Nouvelle-France, parce que j'y retrouve les
ordonnances de nos vieux rois et la coutume de Paris
qui régissent toujours ce pays, bien qu'il soit sous la
domination anglaise ; parce que j'y retrouve l'ancien
système monétaire français, le même système de poids
et mesures, les mêmes transactions dans le commerce,
la même méthode d'agriculture que chez nous, il y a
cent ans ; parce que j'y retrouve la foi et les mœurs de
nos ancêtres.

L'enseignement est libre, mais les catholiques se gar-
deront bien d'envoyer leurs enfants dans une école qui
ne représenterait pas leurs principes.

Magistrats, représentants du peuple, médecins, négo-

ciants, propriétaires, tous ont reçu le même enseignement : aussi tous sont catholiques. Le Canada ne date
que d'hier, et il est déjà doté de toutes les institutions
européennes : hôpitaux, couvents, grands et petits séminaires, cathédrales, superbes églises, écoles supérieures
de théologie, de littérature, de droit et de médecine. Le
Canada n'emprunte rien à l'Europe, il se suffit à lui-
même. Certainement je puis ajouter que ses églises sur-
passent de beaucoup en grandeur et en beauté celles de
bien des villes de France ; lorsqu'il s'agit de sa religion, il n'a rien à lui, il se donnerait lui-même.

Les actes héroïques sont fréquents. Ils ne sont pas
rares, les jeunes lévites, qui, effrayés par la sainteté du
sacerdoce, passent leur vie dans le diaconat ou dans les
ordres mineurs ; l'année dernière encore, de nouveaux
Belzunce sont allés chercher la mort dans les lazarets
au milieu des pestiférés.

Tous les ans, à la Fête-Dieu, les protestants anglicans sont touchés jusqu'aux larmes par la foi et la piété
des Canadiens, qui construisent eux-mêmes de riches
reposoirs; la troupe anglaise assiste, en grand uniforme,
à la procession, car il faut dire, à l'honneur du gouvernement anglais, qu'il respecte et favorise la religion catholique ; aussi, le Canada ne doit pas regretter la domination anglaise. S'il n'eût point été détaché de la mère
patrie, il est triste à penser qu'il eût subi sans doute les
influences délétères de notre infortuné pays ; il n'aurait
point conservé la foi et les mœurs de ses pères ; comme
dans notre belle colonie de Bourbon, que j'ai eu l'hon-

La Colonisation au Canada.

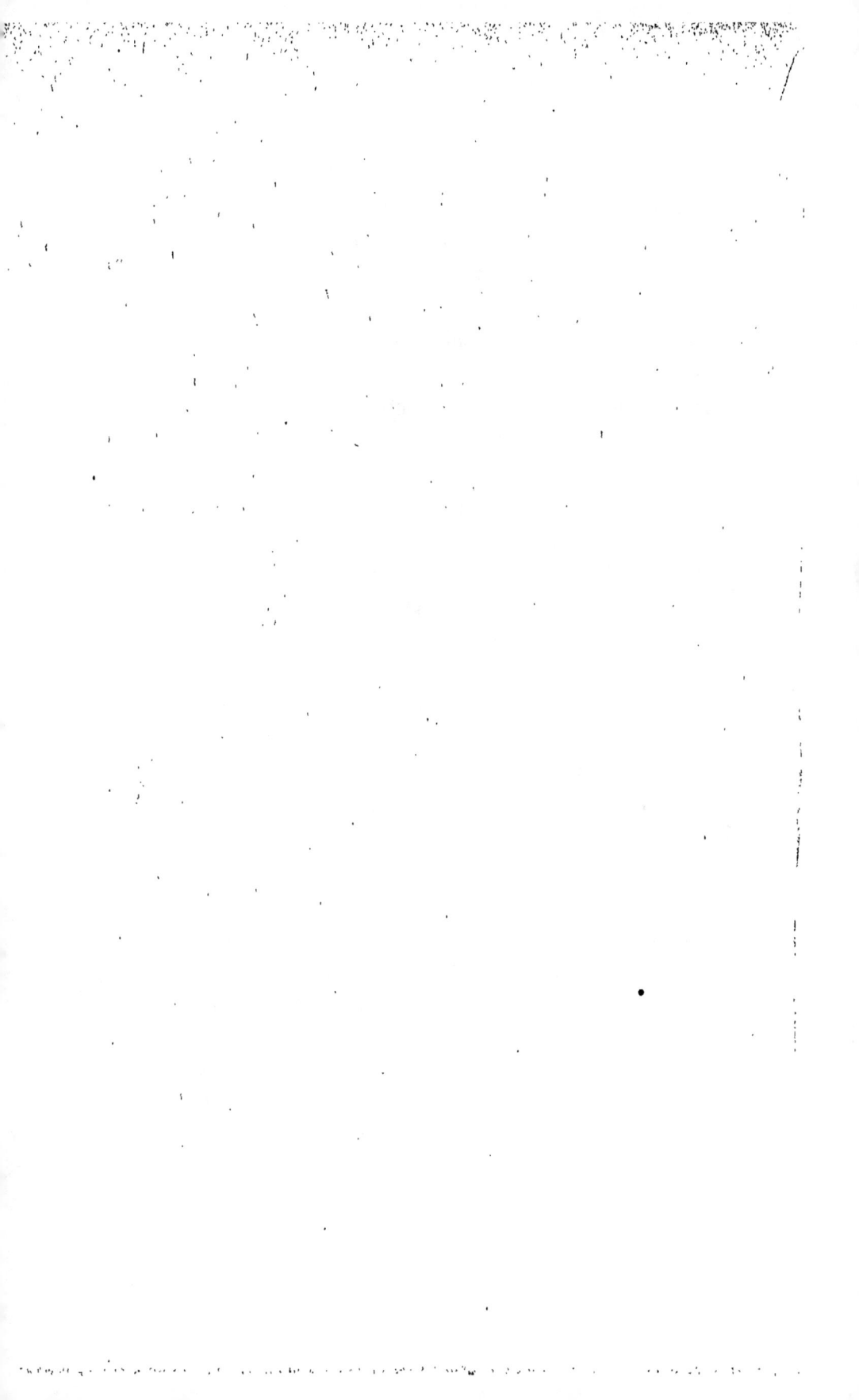

neur d'évangéliser, le clergé aurait eu les mains liées et
serait à la discrétion du dernier magistrat. Aussi, je bénis
la Providence de m'avoir conduit sur cette terre libre, où
le prêtre peut exercer avec indépendance et de grandes
consolations le saint ministère. Malgré leur ampleur les
églises sont presque toujours trop petites; trois et quatre
mille hommes se pressent souvent autour de la chaire, et
ils ont fait 4 ou 5 lieues pour entendre la parole de
Dieu.

Ici la chaire est souveraine : à elle seule la diffusion
de la doctrine évangélique. Aussi tous les ennemis de
la foi et de la vertu seraient-ils bien mal accueillis au
Canada; le titre seul de leurs publications impies inspi-
rerait l'horreur à ces populations chrétiennes.

Le clergé s'occupe encore de la colonisation du pays; les
prêtres appellent à eux la partie la moins aisée de la population, car il n'y a pas précisément de pauvres au Canada;
ils leur démontrent la nécessité de défricher les vieilles
forêts du nouveau monde; ils s'embarquent eux-mêmes
avec les enfants de leurs ouailles dans des canots d'écorce,
remontent le cours des rivières, cherchent les meilleures
terres, portent les premiers coups de hache sur des arbres
séculaires, puis ils reviennent dans leurs paroisses ap-
porter la bonne nouvelle, et repartent peu après avec une
colonne de jeunes gens plus nombreuse cette fois, pour
se fixer avec leur vaillante colonie au milieu de terres
qui rapportent deux et trois cents pour un. Vous êtes
étonnés, quand vous revoyez ces contrées quatre ou cinq
ans après, de rencontrer de gracieuses habitations, une

église splendide, un presbytère confortable; c'est à un
pauvre prêtre s'adressant à des chrétiens qu'est due
cette fécondation. Sans le catholicisme, la civilisation
serait à refaire comme au siècle d'Auguste; lui seul
peut ramener les esprits égarés, calmer les cœurs
aigris, fermer les plaies saignantes. Voltaire n'a-t-il pas
dit que le confessionnal pouvait mieux faire que tous
les codes de lois qui ont été publiés depuis le commencement du monde.

Au Canada, tout le monde s'approche du tribunal de
la régénération, tandis qu'en France la moitié de la
population ne se confesse plus. Aussi que de belles et
nombreuses familles, que de bénédictions accordées à
cette race patriarcale; quelles mœurs douces et cham-
pêtres. Comme la religion qui unit ces grandes familles,
y répand la paix et la félicité. Le dimanche, au Canada,
est observé comme le sabbat chez les Juifs; ce jour-là
on se fait un scrupule de préparer même le nécessaire
pour la table; l'habitant ne travaillera jamais publique-
ment sans la permission de son curé.

Il ne passera jamais devant le presbytère sans se
découvrir. S'il va à la ville et s'il passe devant l'église,
il fera sa visite au Saint Sacrement. S'il entreprend un
voyage de plusieurs semaines, il se confessera avant de
partir. Je n'oublierai jamais le jour où je portai le bon
Dieu à un malade, j'avais 3 lieues à faire; deux voitures
vinrent me chercher, l'une pour moi, l'autre devait me
précéder pour avertir le peuple du passage du Saint
Sacrement. Partout sur mon chemin, au son de la clo-

chetto, le laboureur arrêtait sa charrue, et s'agenouillait
au milieu du sillon qu'il traçait, le voyageur descendait
de sa voiture, et se prosternait profondément; les jeunes
enfants qui jouaient sur les chemins couraient vite à la
maison avertir la famille du passage du Saint Sacrement,
les vieillards débiles, les enfants à la mamelle, en un
mot toute la famille se jetait à genoux, ou dans la boue,
ou sur la neige. Je pleurais de joie en admirant la foi
et la piété de ces populations, et je me disais : Voilà
pourtant ce qu'était autrefois notre France ! tandis qu'aujourd'hui le bon Dieu ne peut plus sortir de ses temples,
le prêtre, pour ne pas s'exposer aux insultes, est obligé
de le cacher quand il le porte aux malades. Et cependant le Canada est soumis à un gouvernement protestant ! Mais quand le peuple est religieux le gouvernement
est bien obligé de respecter sa foi.

Le Canadien ne redoute pas davantage les sacrifices ;
la loi du jeûne et de l'abstinence est observée dans toute
sa rigueur et par toutes les classes, l'ouvrier des chantiers ne se croit pas même dispensé de cette loi. J'ai
rencontré souvent de fervents chrétiens qui me priaient
de vouloir bien leur imposer des jeûnes volontaires,
parce qu'ils s'avouaient trop grands pécheurs ; ceci
rappelait à ma pensée la parole de Montalembert : Lais-
sez refaire l'éducation du peuple par le catholicisme,
disait-il, et vous verrez bientôt diminuer les délits et
les crimes qui font la honte des nations qui se disent
chrétiennes et civilisées.

Aussi les vols à main armée sont-ils rares au Canada,

les crimes y sont inconnus, vous ne rencontrez que des
hommes pleins de complaisance et de charité. Honnête
et courageux comme un Canadien, est en effet un proverbe américain. Dans les relations du P. de Smet, le
grand apôtre des Indes occidentales, on ne voit à la suite
des missionnaires que des Canadiens qui leur servent de
guides, d'interprètes, de pilotes, de rameurs, de maçons
et de charpentiers. Il est un voyageur intrépide ; des
montagnes Rocheuses à la baie d'Hudson, vous le rencontrerez partout, traitant avec les sauvages pour la
compagnie d'Hudson, ou donnant lui-même la chasse
aux buffalos de la rivière Rouge.

L'honorable prêtre chez lequel je résidais alors et
qui, le premier, porta l'Évangile dans ces contrées loin-
taines, me parlait ainsi de la chasse aux buffalos par
les Canadiens métis : Figurez-vous, me disait-il, une
plaine de 1,000 lieues de long, sur 600 de large ; c'est
dans cette plaine immense qu'ils vont à la rencontre des
troupeaux de bœufs, de biches et de cerfs. Quand ils
aperçoivent, au loin, leur proie, ils se dispersent alors
par petits groupes de trente ou quarante hommes, puis
ils changent subitement de physionomie, leur figure
s'anime, leur attitude est toute martiale. Montés sur leurs
chevaux légers, deux ou trois balles entre les dents, le
fusil au poing, la dague suspendue d'un côté, la poudrière
de l'autre, ils laissent flotter les rênes sur le cou de leurs
chevaux qu'ils dirigent par le seul mouvement de leur
corps ; ils se cachent la figure, car l'animal craint toujours l'œil de l'homme, se penchent tantôt à droite, tantôt

à gauche, selon la direction qu'ils veulent prendre pour
avoir le vent favorable et en s'approchant à pas lents et
trompeurs ; enfin, quand ils sont arrivés à la distance
voulue, ils fondent sur leur proie, comme la foudre, et
font de nombreuses victimes. Quand le carnage est fini,
ils dépouillent les animaux et se partagent le butin, qu'ils
salent pour passer l'hiver.

Dans le Canada, il n'est pas de famille un peu aisée
qui, au commencement de l'hiver, ne tue un bœuf, plusieurs moutons et une grande quantité de volailles ; on
suspend toutes ces provisions à de grands arbres ; et la
gelée se charge de les conserver; pendant huit mois, on
taille dans le bœuf qui conserve toujours sa première
fraîcheur.

La vie ici est à très bon marché ; la viande se vend
25 centimes la livre ; les récoltes y sont d'une abondance
extraordinaire. Les semailles sont faites à la fin de mai,
la moisson en août et septembre ; l'engrais y est pour
ainsi dire inconnu, la terre produit par son énergie
propre ; il est vrai que la neige contribue beaucoup à
la reposer et à la renouveler. Le foin, l'avoine et le blé
sont les seules céréales que l'on cultive ; on sème moins
de blé depuis quelque temps, parce qu'un fléau terrible
le ravage chaque année. Une petite mouche rouge, qui
passe au moment de la floraison, dépose sur l'épi ses
œufs d'où sortent de petits insectes qui dévorent et
rongent la substance nutritive du blé. Ce fléau a réduit
de beaucoup la fortune des propriétaires ; mais ce qu'ils
perdent d'un côté, ils le gagnent d'un autre. Le Canadien

est un homme qui sait se priver et vivre de peu. Ses dépenses sont minimes, car il confectionne lui-même ses toiles et ses étoffes, qui rappellent par leur solidité les anciens draps de France. Lui-même tanne ses peaux, et fait ses chaussures ou plutôt ses longues bottes. Le savon, le sel, ces grandes ressources du ménage, il ne les achète point; son bois, il n'a que la peine d'aller le chercher à la forêt.

Une autre ressource du ménage que le Canadien sait se procurer, c'est le sucre. Il ne le demande pas à la canne, comme à Bourbon, mais aux arbres de ses forêts. La Providence a planté çà et là de petits bosquets d'érables, c'est l'arbre par excellence de cet immense Paradis du nouveau monde ; chaque Canadien possède ce bois sacré, qu'il entoure d'une forte palissade, car la porte en est fermée aux profanes. Devant nous elle va s'ouvrir, car aujourd'hui c'est grande fête au bois sacré. Voyez-vous le chef de famille suivi de tout un personnel joyeux ; les garçons font retentir les airs de bruyants couplets, les jeunes filles y répondent de leur voix la plus douce ; les serviteurs ployent sous le poids d'énormes chaudières ; les femmes de service sont armées de longs tridents et de fortes pincettes ; les petits enfants portent les moules et les menus instruments épuratoires, tels que passoires et écumettes ; les petites filles apportent le linge et les provisions de bouche, sous la direction de la mère; tous nous faisons notre entrée solennelle dans le bois des érables. Le ciel est d'un bleu chatoyant; le soleil sort de sa couche, et ses premiers rayons font scintiller,

comme des diamants, le givre pendant aux branches
des grands arbres ; l'air pur et suave porte la joie au
cœur. Il gèle à 10 degrés ; aussi la neige gémit sous nos
pas ! J'admire ces beaux érables, à l'écorce blanchâtre
et rosée, qui portent dans leurs troncs vigoureux des
trésors de parfum et de nectar. J'allais d'un arbre à un
autre ; je me plaisais à voir tous ces petits chalumeaux
entrés et scellés dans l'écorce de l'érable. Tantôt la sève
s'écoulait, en jets limpides, dans des récipients en terre
ou en bois ; tantôt en gouttes larges et cristallines, selon
la jeunesse et la vigueur de l'arbre. Je me disais : Ainsi
s'écoulent la sève et les années des hommes les plus
vigoureux ? Je prêtais l'oreille et j'écoutais avec un certain recueillement le son argentin, produit par la chute
de toutes ces gouttelettes. Mais voici que les feux sont
allumés ; les chaudières grincent déjà ; voilà l'heure du
fervet opus ; aussi tous sont à leur tâche : les jeunes
garçons volent d'un arbre à un autre, en apportant les
récipients écumeux, et versent dans les chaudières la
liqueur cristalline. La vapeur s'élève, le bois sacré en
est parfumé aussitôt. Les ménagères et les garçons les
plus robustes agitent, en cadence, et en chantant, leurs
longs tridents ; le liquide s'épaissit et file comme un
miel argenté. Les plus jeunes en ont la primeur ; encore
une heure, et l'on éteindra le feu. On en profite pour faire
le repas champêtre. Non je ne connais pas de scène plus
grandiose dans sa simplicité que cette fête en plein air,
sur la neige, sous ces arbres séculaires, au beau milieu
de ces forêts vierges ! O saintes agapes des premiers

chrétiens, vous eûtes vos chantres et vos poètes ! Pourquoi les familles canadiennes n'auraient-elles point un jour les leurs ? Quelle simplicité ! quelle piété ! car tout ici commence et finit par la prière. On apporte alors les moules ; on y verse le liquide bouillant et encore en fusion ; à mesure qu'il se refroidit, il se solidifie et prend une teinte brune de la couleur du cacao. Deux heures suffisent pour retirer du moule des pains de sucre de toutes les formes. Les artistes élèvent aussitôt, les uns, une petite chapelle avec sa flèche, les autres une métairie avec ses dépendances. Comme vous le voyez, c'est toujours l'idée religieuse et les joies de la famille ! on place le tout sur une civière décorée d'un linge fin ; deux vigoureux jeunes gens la portent sur leurs épaules, et toute la famille joyeuse suit en chantant des cantiques et en bénissant la Providence ! Telle est la fabrication du sucre au Canada.

DEUXIÈME PARTIE

RETOUR. TROIS MOIS DANS LES ÉTATS-UNIS

CHAPITRE PREMIER

CONSIDÉRATIONS GÉNÉRALES SUR L'AMÉRIQUE DU NORD,
SUR LA RELIGION, LE CATHOLICISME, LES SECTES DIS-
SIDENTES ; SUR LA QUESTION D'ÉCOLE, SUR LES SOCIÉ-
TÉS SECRÈTES ET SUR L'ANTAGONISME RELIGIEUX AUX
. ÉTATS-UNIS.

Je ne veux point quitter l'Amérique sans en connaître
la région la plus peuplée ; en parcourant ses villes, mêlé à
ses millions d'habitants, je me croirais volontiers en
Europe ; c'est le même train, le même luxe, le même
affolement pour le bien-être et les jouissances; cette terre
n'est plus vierge ; ses premiers occupants ont pris la fuite
devant l'invasion européenne, mais les épaisses forêts
et les grands fleuves leur ont offert un refuge assez
assuré; aussi faudra-t-il plusieurs siècles pour les chasser et les déposséder. L'Amérique, quoique sillonnée en
tout sens par l'étranger, conserve toujours son aspect
primitif. Ses grandes et populeuses villes sont comme

d'imperceptibles oasis au milieu de ces immenses forêts,
de ses interminables savanes, ou sur les bords de ces
larges fleuves, de ces lacs qui paraîtraient chez nous de
vastes mers. Tout, dans ce pays, présente un aspect de
grandeur et d'immensité. Je ne suis pas étonné qu'il ait
inspiré de si belles pages à Chateaubriand, qui a chanté
si noblement cette terre féconde, ces grandes eaux,
du nom de Mississipi, Missouri, Ohio, Saint-Laurent ;
je les ai vues, ces mers intérieures de l'Ontario, de
l'Erié, de Michigan et du Supérieur, décrites par le
pinceau de notre poète. Les bords de l'Ontario ne m'im-
pressionnèrent pas plus que je ne le fus à la lecture et
à la description de ce lac par Chateaubriand, tant elle est
fidèle. Naturaliste coloré, il fait passer devant vous
toutes les familles d'animaux, d'oiseaux, de poissons et
de serpents, il étale devant vos regards toutes les varié-
tés et toutes les richesses des arbres, des plantes et
des fleurs. Qui a mieux reproduit les mœurs des sauvages, les mariages, les funérailles, les moissons, les
fêtes, les danses, les jeux, les chasses, les guerres et, en
un mot les langues indiennes ? Ce n'est donc point de
l'Amérique de cette époque dont je veux parler, mais
bien de l'Amérique moderne, sans m'attarder cependant
à l'œuvre politique et gouvernementale de Washington,
de cette république que l'on offre aujourd'hui comme le
type des gouvernements, je dirai quelques mots de la
part qu'il a faite à la religion, au catholicisme, aux
sectes dissidentes et à l'école.

Sous tous les problèmes politiques et sociaux se cache

une question religieuse. Les États-Unis n'échappent pas à cette loi. C'est à l'état religieux de la nation qu'il faut demander la clef de ses vicissitudes politiques et de ce mélange de bien et de mal.

Il n'y a point une religion d'État; il n'y a point de culte payé aux États-Unis: faut-il en conclure que les pouvoirs publics agissent comme si il n'existait pas de religion vraie? non assurément... Le christianisme y est la loi nationale... Les pouvoirs de l'Union, les congrès ont toujours, en fait, considéré la religion chrétienne, comme faisant partie du droit commun de tous les États particuliers, et comme étant nécessaire au bonheur, à la liberté et même à la prospérité matérielle du peuple... Respect du dimanche, formule du serment, chapelains attachés aux armées de mer et de terre, conflit avec les Mormons, polygamie prohibée... On a bien prononcé la séparation de l'État de toutes les religions; mais, à l'exception de la Virginie, on n'a pas dépouillé les ministres des cultes; ils ont été admis à l'égalité civile et politique : le repos du dimanche est observé, les ministres sont affranchis du service militaire, la personnalité civile est accordée aux paroisses et aux congrégations; il n'y a point de taxe pour les églises et les propriétés ecclésiastiques...

Les lois des États-Unis reconnaissent la validité du mariage contracté devant les ministres du culte, à quelque dénomination qu'ils appartiennent. Ces mêmes lois autorisent aussi les justices *of' pean* et les *clerks* des *towns* à recevoir les déclarations des personnes qui

veulent se marier sans le ministère d'un ecclésiastique;
mais ce recours au mariage civil est très mal vu par
l'opinion publique.

En dehors de la législation proprement dite, les idées
et les mœurs du peuple américain ont un fond religieux,
qui contribue certainement à sa prospérité. Outre le jour
du sabbat, l'anniversaire de l'indépendance nationale,
le 4 juillet, est partout célébré par une fête religieuse
et patriotique. Il en est de même du *Thanksgivingsday*,
le jour des actions de grâces, qui est la fête populaire
par excellence de l'Amérique. Le gouvernement restreint
les débits de boissons, empêche les publications immo-
rales, réprime la débauche, fait respecter, dans les
théâtres, la religion, la morale, la famille; il place, sous
le patronage de l'idée religieuse, la tempérance, les
sociétés de secours mutuels; fait respecter la religion
par la presse; dépouille du privilège de la *respectabilité*
l'homme qui fait parade d'inconduite ou d'athéisme.

Les ministres sont exclus de toutes les fonctions
publiques, même électives, non par un sentiment anti-
religieux, puisqu'il leur est permis d'exercer leur influence
sur les questions et dans les *meetings*, les *clubs* et même
la chaire, quand il s'agit de la morale.

A leur tour les pouvoirs publics donnent à l'opinion
une salutaire impulsion: ainsi toutes les séances du congrès, les législatures des États, les conventions des partis commencent par la prière; les présidents prescrivent
des jours de jeûne, de prières et d'actions de grâces.

Il ne faut cependant pas exagérer la portée de ces professions de foi chrétienne. Pour avoir voulu embrasser les confessions plus opposées, le sentiment religieux des Américains a fini par devenir fort superficiel ; la masse est plus convaincue de l'excellence morale et de l'utilité sociale du christianisme, que de la vérité intrinsèque de ses dogmes. En effet plus de la moitié des Américains vivent complètement en dehors de la pratique positive et suivie du culte. Deux sectes font d'immenses ravages : l'*universalisme*, qui nie le péché originel ; l'*unitarisme*, qui nie la Trinité et la Rédemption... puis aussi la *franc-maçonnerie*... Mais une force nouvelle s'élève : c'est le catholicisme. Étudions sa position vis-à-vis des confessions protestantes et des tendances du radicalisme moderne.

Jusqu'au milieu du XVIIIᵉ siècle, le catholicisme a été persécuté, dans les colonies américaines, d'une manière plus violente qu'en Angleterre. Dans la Virginie, dans les États du Sud, même dans le Maryland, fondé par les catholiques, la persécution fut atroce : on comptait à peine 36,000 catholiques en l'année 1800.

L'indépendance accordée aux Canadiens par l'Angleterre, l'alliance de Louis XVI avec Franklin fit réfléchir le Congrès ; un évêque fut nommé dans le Maryland, les prêtres émigrés se mirent au service de l'épiscopat ainsi que les Filles de la Charité fondées par Elisabeth *Seton*, cette généreuse convertie du protestantisme... Ce n'est qu'en 1806, en 1830, 1836, 1844, et même 1862, que les catholiques jouirent de leurs droits politiques. Il est difficile d'indiquer d'une façon précise le nombre des catholiques, parce que les statistiques officielles

s'abstiennent de toutes constatations relatives à la foi
religieuse. On portait leur nombre, en 1875, à six ou
sept millions. Le développement du catholicisme est dû
à l'immigration européenne et principalement aux quatre
millions d'Irlandais ; mais deux dangers menacent le
catholicisme : les écoles mixtes et le radicalisme
moderne.

En 1875 la hiérarchie catholique se composait de
onze provinces ecclésiastiques, comptant onze archevê-
chés, quarante-six évêques et neuf vicariats apostoliques.
Beaucoup d'ordres religieux : les Jésuites, les Lazaristes,
les Franciscains, les Dominicains, les Bénédictins, les
Eudistes, les Paulistes. L'infaillibilité du pape et son
pouvoir temporel sont des vérités admises ; l'évêque est
le premier curé ; les prêtres, ses vicaires ; l'évêque est
présenté au pape par les évêques de la province... Il y
a des conciles *provinciaux* et *nationaux*.

De grandes facilités sont accordées pour la fondation
d'œuvres de bienfaisance, écoles et collèges. Mais il y
a certaines difficultés pour l'organisation de la propriété
des paroisses et des diocèses... Chaque paroisse forme
une personne légale complète, responsable de ses dettes
et maîtresse de ses biens, régie souverainement par un
conseil de fabrique et n'ayant besoin d'aucune appro-
bation extérieure pour rendre ses décisions exécutoires.
Le conseil se compose de l'évêque, d'un grand vicaire,
du curé et de deux laïques. L'évêque est le maître sans
être seul responsable, puisque les laïques exercent une
sorte de contrôle.

Le catholicisme est aujourd'hui la confession religieuse qui compte le plus grand nombre d'adhérents, et
l'on en comprendra les forces croissantes si l'on compare
la vigueur de son organisation et de ses principes
internes avec le fractionnement indéfini et la décompo-
sition intérieure des différentes confessions du protestantisme. Aussi le catholicisme attire à lui les âmes,
tandis que le protestantisme se dissout par le libre exa-
men, en aboutissant à l'indifférentisme pratique.

Les différentes confessions protestantes peuvent se
diviser en deux grandes classes selon qu'elles s'adressent
plus spécialement aux classes éclairées ou aux masses
populaires. Dans la première catégorie il faut ranger :
l'*épiscopalisme*, le *congrégationalisme* et le *presbytéria-*
nisme. Ce sont là les Églises des classes élevées, des
gens, comme il faut, elles périssent par le laïcisme... Le
méthodisme, le *baptisme* s'adressent aux masses ; elles
ont joué un rôle considérable dans la civilisation de
l'Amérique... Ses grands succès sont dus à son organisation autoritaire, au caractère populaire de ses
ministres et à l'absence d'enseignement théologique.

Les Américains sont fortement frappés des résultats
sociaux que présente le catholicisme. La multiplicité de
ses œuvres, de ses établissements de charité, ses légions
de sœurs, le célibat de ses prêtres attirent l'estime et la
sympathie du peuple dont il résout et les problèmes
de l'éducation et les rapports du foyer domestique.
Aussi les catholiques sont-ils les meilleurs républicains.

L'avenir justifiera-t-il la confiance des patriotes dans

les institutions de leur pays? Certains points noirs apparaissent: à mesure que le radicalisme s'étend, la constitu-
tion s'écarte de l'idéal tracé par *Browson*. Les catholiques entrent déjà en lutte pour la question des écoles...
Ils sont exclus des fonctions publiques... Les dépôts de
mendicité, les écoles pour les enfants, les vagabonds
et les orphelins sont livrés exclusivement aux protestants... Un ensemble de faits semble indiquer que les
Etats-Unis ne jouiront pas longtemps de la paix religieuse... Le *radicalisme* déclare une guerre ouverte à
l'influence politique et sociale du catholicisme; les journaux l'attaquent; puis une coalition des radicaux allemands, des athées, des matérialistes, est à craindre pour
l'avenir du catholicisme et de la liberté américaine.

On a justement signalé l'importance et les grands
résultats du système des écoles publiques dans la partie
septentrionale et centrale de l'Union. Les États du Sud,
à raison de leur caractère rural et de la dissémination de
leur population, comptent un nombre restreint d'établissements d'instruction. Le véritable foyer est dans la
Nouvelle-Angleterre. C'est de là que partent les institu-
teurs pour le Centre et l'Ouest. Tout Américain natif sait
lire et écrire ; aussi le budget de l'instruction publique
dépasse-t-il de beaucoup le budget de la guerre du plus
grand État européen... La profession d'instituteur se
recrute dans la partie la plus respectable de la population.

Pendant longtemps, l'école a été considérée comme
une annexe de l'église, comme le supplément donné par
le ministère de l'Évangile, et cela même après la sépa-

ration de l'Église et de l'État. Mais aujourd'hui il ne doit être donné aucun enseignement spécial à une confession ; on se borne à une lecture de la Bible, et encore le chapitre est tiré au sort... On a prétendu respecter la liberté de conscience, mais le véritable but est de faire une génération étrangère à toute croyance positive... Ce funeste résultat est dû, en grande partie, à la capitulation du clergé des confessions protestantes. Ils prétendirent que les écoles du dimanche suffiraient à l'éducation religieuse... On viole tous les principes d'égalité politique et d'incompétence religieuse de l'État, en forçant les catholiques à payer des taxes pour des écoles dont ils ne peuvent pas profiter.

Les grandes familles, les familles à tradition comprennent ce désordre ; aussi confient-ils leurs enfants aux établissements catholiques. De cette façon le catholicisme pénètre dans la société américaine. C'est dans l'enseignement secondaire que les ordres religieux ont le plus de succès... Cet enseignement a échappé jusqu'ici aux fausses théories, qui ont vicié l'enseignement primaire... La raison caractéristique, c'est que le peuple, comme tel, ne s'intéresse pas à un enseignement dont il ne profite pas... Les législatures ne s'immiscent pas à ces universités fondées par de riches particuliers et soutenues par des confessions religieuses... L'incorporation n'est jamais refusée... Sur deux cent quatre-vingt-dix collèges, quatre-vingt-dix seulement avaient été fondés par les États ; ils appartenaient aux catholiques... L'enseignement religieux tient encore une grande place dans

les collèges... Mais il n'y a point d'internats. Les collèges sont à la campagne, environnés de pensions, où les
jeunes étudiants retrouvent la vie de famille... Les universités et les collèges sont administrés par des *Trustées*,
nommées conformément aux dispositions des fondateurs
et des chartes d'incorporation... Les *Trustées* nomment
un président, qui réside dans le collège et veille à la discipline entre les professeurs et les étudiants... Les grades
sont conférés par les professeurs. L'État n'intervient
que quand il accorde des subventions, et il fait entrer
alors un contrôleur dans les *Trustées*... Les universités
et les collèges américains sont ainsi de véritables
écoles de gentlemen ; mais il y a peu d'élèves... Le haut
enseignement du droit et de la médecine est encore très
peu développé, cela tient uniquement aux conditions éco-
nomiques du pays : les spéculations industrielles
absorbent les intelligences...

Cependant un certain nombre de lettrés, admirateurs
des institutions allemandes, réclament la création d'universités d'État libres de tout contrôle religieux ; on voudrait fonder une université nationale à Washington ;
d'autres en voudraient une dans chaque État. Ces idées
se propagent dans les réunions des sociétés savantes.

CHAPITRE II

DÉPART DU CANADA POUR NEW-YORK

Maintenant que vous avez une idée du grand peuple américain, je vous convie à vouloir bien m'accompagner dans ses principales villes. Après avoir fait partir en transit mes malles pour la France, je m'embarque sur un steamboat et, en quelques heures, je me retrouvai sur les lacs charmants de Champlain et de Saint-Georges, que je vous ai déjà décrits. Ils sont sillonnés par d'élégantes barques d'amateurs ; de jolis steamers se croisent ; j'entends leurs musiciens jeter à tous les échos les sons harmonieux de leurs valses. Nous nous saluons, en agitant nos chapeaux et nos mouchoirs. Nous stoppons devant le ravissant hôtel du fort *William-Henry*. Là un *stage-coach* nous prend à son bord, pour nous conduire par monts et par vaulx à la plus prochaine station.

Nous arrivons à *Saratoga-Spring*, véritable pays de Cocagne, le rendez-vous de la *gente fashionable* américaine en face du Grand-Union. Qu'est le Grand-Hôtel de Paris devant ce *Léviathan* du nouveau monde ? c'est la cascade du bois de Boulogne en face du Niagara.

Représentez-vous une immense caserne, dont les

grandes ailes enserrent un vaste parc ; ces milliers de colonnettes en fonte de 20 mètres de hauteur, soutiennent le toit d'une large piazza, dont la longueur n'est pas moindre d'un kilomètre. Devant moi se dresse et serpente un vaste escalier aboutissant à un immense parloir où sont concentrés les services essentiels de l'hôtel : le bureau de réception et de renseignements ; le post-office d'un côté, la caisse à quatre guichets ; le bureau de location des voitures, et le télégraphe de l'autre. J'inscris mon nom sur un volumineux registre ; on me remet une clef n° 1340, au second étage. Jugez du personnel de l'habitation ; J'ai le choix entre quatre ascenseurs et autant d'escaliers pour arriver à ma chambre ; ces ascenseurs sont de véritables salons, élégamment meublés, et pouvant contenir facilement une vingtaine de personnes. Un coup de sonnette, la machine se meut, et vous montez sans la moindre secousse, tout étonné de vous trouver à votre étage ; vous enfilez de longs corridors, entièrement couverts de tapis, comme les salons et les chambres. Toutefois les chambres ne sont pas de la première élégance : un bec de gaz, un lit dur, une table de toilette, une armoire en noyer, voilà tout le mobilier. Au reste, on ne l'occupe que pour dormir ; n'a-t-on pas assez des salons, mesurant 2,000 mètres carrés, somptueusement décorés, avec tentures et mobilier garnis de satin, des salles de lecture, des billards : un *Bar-room*. Et que dire de la salle à manger, dans laquelle six cents personnes dînent à l'aise et où un restaurateur parisien en caserait facilement

deux mille ; cette salle est le centre, l'âme de l'hôtel ; on
y fait trois repas par jour ; le déjeuner, le dîner et un
lunch ou souper.

Entrez avec moi ; mais auparavant confions nos chapeaux et nos cannes à ce nègre en faction. Apercevez-
vous ce bataillon de noirs et de mulâtres, en veston ou
en habit noir et cravate blanche. Ils vont et viennent,
l'avant-bras replié, et portant, sur la paume de la main,
un plateau chargé de mets. Un sous-officier vous conduit
à votre place, devant laquelle est étalée la carte des mets.
Quelle carte, mon Dieu ! Je compte quatre-vingt-cinq
plats. Faut-il vous énumérer le *mock turtle* aux *Quenelles*,
le consommé printanier à la royale, et la série des poissons, des bouillis, des rôtis, des relevés, des entrées,
des végétables, jusqu'à la crème à la vanille et le melon
d'eau. Le tout est à ma disposition, mais je n'use guère
de mon droit ! Me voici en face d'un énorme plat de
viande, accompagné d'une douzaine de petits plats des
plus variés, tels que pommes de terre, gros pois, maïs
verts, riz bouilli, tomates fraîches... Et pour tout cela,
une seule assiette ! Comme linge de table, une serviette
grande comme un mouchoir. Bref, mon repas est fini,
je redemande au nègre mon chapeau et ma canne, et je
me retrouve sous la piazza, où commence un bruyant
concert.

Peu amateur d'une telle musique, je me dérobe et je
vais faire connaissance avec la *Broad-way* ou large rue
de Saratoga ; car chaque ville américaine a sa broad-
way. A droite et à gauche s'étalent des magasins de mar-

chandes de modes, de confections, de coiffures ; et puis
çà et là des *tobacconiste*, presque tous juifs, et des offices
de marchands de *tickets* de chemins de fer. Le dentiste,
le coiffeur ont ici leur officine, ce sont des personnages ;
un coiffeur parisien, venu ici de New-York pour la
saison, paie 400 dollars pour son loyer. C'est cher !
direz-vous, mais comptez-vous pour rien le commerce des
cheveux ! Telles élégantes ont sur la tête pour 300 dollars de cheveux ! Le soir, circulez dans les salons,
vous y reconnaîtrez les cheveux de toute l'Europe ; les
cheveux chatains viennent de la Normandie, de la Bretagne et de l'Auvergne ; les cheveux noirs, de l'Italie ; les
blonds, de l'Allemagne et de la Suède.

Je regagne mon n° 1340, et le lendemain je l'emploie
à visiter les sources, à boire l'eau ferrugineuse et sul-
fureuse des fontaines ; je me promène sous les frais
ombrages de *congrès park*, où jaillit la plus célèbre des
sources de Saratoga *congrès-spring*. A mon retour je
demande ma note : 10 dollars ! c'est donc 5 dollars par
jour ; mais c'est pour rien ! Néamoins, Grand-Union
Hôtel est une colossale manufacture de confort et une
des créations les plus caractéristiques du génie américain.

De bon matin je quittai Grand-Union, prenant l'express
pour New-York. Pour mieux embrasser cette grande
cité, une des plus belles villes du monde, je me fis conduire aussitôt, en barque, au milieu de sa grande et
belle baie. La matinée était splendide. A ma droite voici
Broocklyn avec ses cinq cent mille habitants ; ce n'est

qu'une annexe de New-York, car elle n'en est séparée
que par la rivière de l'Est. Quelles sont donc, deman-
dai-je à mon compagnon, ces deux tours colossales, qui se
dressent, là-bas, comme les flèches d'une cathédrale? Ce
sont, me dit-il, les deux piles d'un pont suspendu, qui
va réunir la grande cité à son annexe. La ville de New-
York s'étend entre la rivière de l'Est et l'Hudson; on
dirait un affreux requin, dont la mâchoire serait tournée vers la baie; l'extrémité de la mâchoire, c'est la batterie, jadis un jardin; aujourd'hui un parc au milieu
duquel s'élève la rotonde du *Castle-Garden*. Les dents
du requin sont les *wharfs*, jetées en pierre ou en
planche, entre lesquelles se logent les navires au long
cours, et les puissants steamers des lignes transatlan-
tiques, véritable forêt de cheminées et de mâts! Je prenais plaisir à voir glisser, sur les eaux calmes et trans-
parentes, tantôt ces gigantesques vapeurs, avec leurs
deux ou trois galeries superposées et peuplées de passagers, tantôt ces frêles et mignonnes barques, vraies
coquilles de noix, paraissant et disparaissant, comme
des poissons volants; j'en aperçois un tout étincelant,
comme il est bien nommé: *cristal-wave*, la vague de cristal! Plus loin, c'est la jolie petite île *Bedloe*, couronnée d'un bouquet d'arbres verts où on doit élever la
colossale statue de l'Indépendance. A gauche, les hauteurs boisées et les riches villas de *Staten-Island* dans
le lointain, en face de la ville de *New-Jersey;* plus loin,
Hoboken, qui sont aussi deux faubourgs de la cité et
forment, avec elle, une agglomération de plus de deux

millions d'âmes. Vous aurez une idée de la puissance
de l'industrie humaine quand vous saurez que le montant de l'impôt dans la seule ville de New-York atteint
1,154,000,000 de dollars! Et jadis ce rivage n'avait
pour habitants que des Indiens et les loups des prairies.

Après avoir donné à la ville un coup d'œil d'ensemble,
j'abordai. Les véhicules ne manquent point; mais le
prix est très variable. Le premier cocher n'eut pas honte
de me demander 4 dollars, le second 3; enfin le troisième m'emporte au grand trot pour un demi-dollar
(c'est le prix de l'heure à Paris) dans la Grande-Rue de
New-York, avec 35 degrés de chaleur et de la boue jusqu'à la cheville. Nous suivons toujours la grande arête
du requin, à laquelle se rattachent les autres, bien irré-
gulièrement dans le bas, mais à angles droits dans le
haut; on dirait un véritable damier. La Grande-Rue est
large, comme notre rue de la Paix, mais elle a cinq à six
kilomètres de longueur. Omnibus, camions, voitures de
toutes formes, cars, tramways s'y croisent en tous sens;
j'en dirai autant des passants, qui trottinent en files
serrées. Cette masse compacte représente tous les éléments composites dont s'est formée la population de
l'Union; vous y reconnaissez le Hollandais, l'Anglais,
l'Irlandais, l'Allemand, avec un petit appoint des races
latines. Comme à Londres, vous retrouverez ici l'homme-
affiche, circulant, à pas comptés, au milieu de cette foule
affairée. Revêtus d'une longue chemise de cotonnade
multicolore, où sont imprimées les annonces, ces hommes
passent et repassent; un Chinois avec son énorme queue

fixe surtout mon attention. Les maisons sont hautes et
étroites. La brique, la pierre grise, employées dans leur
construction, sont d'un aspect varié et agréable ; les
fenêtres, avec stores bleus, les contrevents rayés et les
persiennes vertes, rompent aussi la monotonie et reposent
doucement la vue. Les enseignes, en grosses lettres dorées
sur fond noir, ou en lettres noires sur fond or, ont bien
un certain cachet d'originalité. Les étalages ne sont pas
élégants, ils manquent de bon goût ; tout y est pêle-
mêle. Dans une pharmacie, on vous vendra du sucre,
des cigares et du soda-water. Devant les magasins sont
entassées des quantités de journaux ; vous êtes impor-
tunés par des légions de criards qui vous assourdissent
et vous importunent. Une autre espèce de criards, plus
utile, sous ce climat brûlant, ce sont les marchands
de limonade et de groseilles, que vous reconnaissez à
leurs énormes saladiers remplis de blocs d'une glace
transparente. Puis les colporteurs d'ananas, de bananes
rouges, de confitures du Liban ; que sais-je encore ?
Et les policemen, en courte redingote bleue, avec leur
numéro au chapeau, précieux aux étrangers et aux
dames pour les aider à franchir ce déluge de véhicules, qui inondent la chaussée. Telle est *broad-way*, la
rue marchande américaine. Çà et là une église ou un
square. Voici *City-hall park ;* ici l'Hôtel de Ville, construction encore inachevée ; on me dit que les tapis déjà
achetés suffiraient à couvrir l'emplacement de la ville de
New-York. Un peu plus loin, le nouvel Hôtel des postes,
merveille, non d'architecture, mais de confort d'installa-

tion et d'admirable disposition pour les services. Dans
le voisinage sont groupés les établissements des principaux journaux. A mesure que nous avançons dans
broad-way, les magasins sont plus vastes et plus élégants. Nous sommes à la 5ᵉ avenue qui conduit à *Park-
central*, le bois de Boulogne américain. Il n'y a plus de
magasins, mais des demeures aristocratiques, plus que
jamais couleur chocolat, c'est le *west-end* de Londres.

Avant de rentrer à l'hôtel, je voulus m'offrir un *lunch*
à l'Américaine ; j'entre dans une cave, appelée *Bar*, d'une
barre sur laquelle s'appuie le consommateur, c'est à peu
près le comptoir de notre marchand de vins. Là se
débitent toutes sortes de bières et une variété infinie de
rafraîchissements à la glace. Les États-Unis en exportent
jusque dans les Indes orientales. Celui qui désire *luncher*
à part se dirige vers le fond de la pièce ; les consomma-
teurs y sont peu nombreux. Vous vous hissez sur des
tabourets de 4 pieds de haut devant une table longue et
étroite ; et on vous sert des mets froids ou chauds,
parmi lesquels je recommande les *clams*, fins coquillages,
grands comme une huître d'Ostende, et emmagasinés
dans des blocs de glace creusés au milieu en forme de
boîtes, d'où on les en retire pour qu'ils soient ouverts en
votre présence. C'est le lunch prisé, me dit-on, par les
plus purs gourmets. Désirez-vous connaître le cours de
la Bourse ou les nouvelles des États, passez dans la
pièce du milieu : là vous trouverez un télégraphe sur
lequel se déroule un ruban sans fin ; des lettres et des
chiffres s'y impriment: ce sont les nouvelles ; vous pou-

vez rester là jusqu'à huit heures du soir, vous n'en per-
drez pas une, et vous n'en paierez pas davantage. Le
pourboire n'est pas connu aux États-Unis. Bien des
maisons ont aussi un télégraphe, comme celui du *Bar*; il
appartient à une compagnie particulière, et est installé
dans la chambre à coucher. Il suffit, à toute heure du
jour ou de la nuit, de pousser un bouton pour appeler un
messager, qui arrive dans quelques minutes, prêt à
porter un télégramme, une lettre, un paquet, à aller
chercher un médecin, etc.; pressez deux fois le même
bouton, c'est un agent de police qui se présentera;
pressez-le trois fois, et vous ne tarderez pas à entendre le
galop des chevaux qui amènent les pompiers et les
pompes. Le tout moyennant un loyer de 2 dollars par mois,
plus le paiement des messagers. Le service des omnibus
est encore bien commode, vous déposez vos 10 cent.
dans une boîte à l'entrée ; le conducteur est inutile, on
s'en rapporte à votre bonne foi.

Le lendemain je me fis conduire à *Castle-Garden*, le
dépôt des émigrants. C'est une vaste rotonde, moitié en
briques, moitié en planches. Les émigrants y sont débar-
qués directement; ils y reçoivent l'hospitalité pour une
nuit. Au centre est le bureau télégraphique et celui du
change. Là est affiché le tarif de toutes les monnaies du
monde, puis toutes sortes d'avertissements en sept ou
huit langues. On vous offre des billets de chemin de fer
à prix réduit; on vous engage à déposer vos valeurs au
bureau ; voulez-vous séjourner à New-York, on vous
donne des adresses de *boarding-houses* à bon marché :

1 dollar par jour ou 6 dollars par semaine. Un avis recommande même aux employés de faire honnêtement leur devoir. Une seconde salle est affectée aux bagages. Vous arrivez, on vous donne un numéro correspondant à celui de votre bagage; vous remettez ce numéro avec votre adresse à un agent quelconque d'une entreprise d'express, qui vous délivre un reçu en échange, et vous n'avez plus à vous en occuper, on vous le rend à domicile sans retard. Dans une troisième salle est installé un bureau de placement pour les émigrants des deux sexes. Ce bureau a des correspondances dans toute l'étendue de l'Union, et il place de quinze à dix-huit mille personnes par an. Derrière s'ouvre l'embarcadère du chemin de fer de l'Erié. C'est la grande issue de *Castle-Garden* d'où sortent jusqu'à mille émigrants par jour. Dans l'Ouest l'émigrant peut acquérir un morceau de bonne terre, au prix de 15 ou 22 francs l'hectare, avec l'exemption du service militaire. Beaucoup prospèrent; quelques-uns échouent; mais quelle est la nation de l'Europe qui n'envoie pas des hôtes à *Castle-Garden!*

New-York, comme toutes les grandes villes maritimes, possède des docks immenses; son commerce est illimité, sa population est composée de tous les pays du monde, ses richesses incalculables. Mais ne cherchez pas un monument, les sciences et les arts y ont à peine le droit de cité! Dans cette vaste ville la place manque encore à l'industrie et au commerce. Aussi, refoulé, bousculé par la foule avide, je me hâte d'aller demander à une autre cité le calme et le repos.

CHAPITRE III

DÉPART POUR PHILADELPHIE

Je franchis la distance de New-York à Philadelphie, 88 milles en deux heures et demie. Cette ville, d'une superficie plus considérable que celle de Paris, n'a cependant que 817,000 habitants qui occupent cent cinquante et un mille maisons, soit une maison pour chaque famille. La construction est la même qu'à New-York, toutes les rues sont droites, larges et bien bâties, se dirigeant du nord au sud et de l'est à l'ouest. Les unes portent des noms, les autres des numéros. Chaque rue est desservie par une ligne de tramways, avec six tickets achetés à l'avance et sur lesquels le septième est gratuit, vous pouvez circuler dans toutes les directions avec la plus grande facilité. Cette ville est située au confluent de la Delaware et du Schuylkill. La Delaware, plus profonde que la Seine et la Loire, plus large que la Gironde unie à la Dordogne, aussi majestueuse que le Rhône, porte sur ses eaux les bateaux du plus fort tonnage, ce qui fait de Philadelphie tout à la fois une ville maritime et une ville de plaisance. Elle a cet avantage avec Londres sans en avoir les inconvénients; située dans une large et ravissante vallée, le ciel est toujours pur; les vents y soufflent agréablement, emportant tous les miasmes délétères et rapportant de la mer une brise

fraîche et bienfaisante. Aussi Philadelphie est-elle richement habitée ; je ne suis pas étonné que l'Union l'ait choi-
sie pour son Exposition universelle. Les rues sont bordées de grands et beaux arbres qui vous préservent des
ardeurs du soleil. Les maisons, en briques rouges, avec
leurs fenêtres aux volets blancs et leurs escaliers en
marbre blanc, ont l'aspect de petits palais. Quelques-
unes même ont la façade entière en marbre blanc, elles
sont habitées par l'aristocratie ou la haute finance. Aussi
Philadelphie, comme Calcutta, peut mériter le nom de
ville des Palais.

Plus éclairée que New-York, ou plus tolérante, Philadelphie n'est pas soumise à l'esprit exclusif du commerce, elle dédaigne même les préjuges qui accompagnent,
dans les États du Midi, l'existence d'une classe d'esclaves.
C'est la Pensylvanie qui fut le centre principal du mouvement abolitionniste. La tolérance religieuse ne connaît
d'autres bornes que celles de la morale universelle et
de la conscience qui repousse l'athéisme. Le plan de
Philadelphie fut tracé, en 1683, par William Penn lui-
même, et c'est sous la direction de ce sage que ce territoire fut d'abord colonisé par les Quakers. Aujour-
d'hui ils ne représentent plus que le sixième de la population ; néanmoins l'influence de leur caractère moral,
doux et philanthropique s'y fait encore sentir. Philadelphie veut dire la ville de l'amour fraternel : c'est la
seconde ville de l'Union comme importance, mais la
ville est monotone, avec ses lignes géométriques ; les
distractions font défaut, il n'y a pas un seul café, pas

un théâtre convenable, car on ne peut donner ce nom à *Fox-Theatre* où on ne joue que des bouffonneries et des pantomimes.

C'est à Philadelphie que fut signé l'acte mémorable par lequel les États secouaient le joug de l'Angleterre et proclamaient leur indépendance ; on voit encore l'Hôtel de Ville où eut lieu ce grand événement. L'édifice est simple et sans prétention : toujours la brique rouge. Le grand Washington, à cheval, en garde l'entrée. Du rez-de-chaussée on a fait un musée national ; des autographes, des portraits et des reliques des grands hommes forment la principale collection. La salle de l'Indépendance est restée dans son état primitif ; en y pénétrant, vos souvenirs vous reportent au siècle dernier pour admirer le courage de ces hommes qui s'engageaient dans une lutte gigantesque, puisque sept années de combat, devaient ensanglanter l'Amérique ! Je contemplai l'original de l'acte : l'encre a pâli ; on reconnaît à peine les signatures ; mais celles des deux *Adams* sont lisibles. On vous montre aussi l'encrier d'argent, le fauteuil du président, *John Hanok*, et la table sur laquelle se sont appuyés les signataires de l'acte.

Notre excursion historique nous conduit à la modeste tombe de l'immortel *Franklin*, la maison de *Jefferson* où fut rédigé l'acte d'indépendance ; celle de *William Penn*, où s'assembla le premier congrès de l'Union. Précieuses reliques, que le temps ronge et qui tendent chaque jour à disparaître. Où est le toit sur lequel Franklin posa le premier paratonnerre ? Où est l'orme légen-

daire, à l'ombre duquel *Penn* conclut son fameux traité
avec les Indiens ?

Voici le collège *Girard.* Girard est un enfant de Bor-
deaux, qui fut tour à tour mousse, capitaine de navire,
fabricant de cigares, marchand de cordes, vendeur de
clous et de ferrailles, en dernier lieu banquier en renom
et l'homme le plus riche de Philadelphie. Philanthrope
peu intelligent, il conçut la singulière idée de bâtir un
collège qui porterait son nom et renfermerait ses restes.
L'édifice dépasse, en magnificence, les plus belles universités du monde ; il est tout en marbre blanc, c'est la
reproduction servile de la Madeleine de Paris ; dans le
vestibule se dresse la statue du fondateur. Ce palais n'a
pas coûté moins de 10,000,000 de francs, et pour quel
usage ? pour y instruire trois cents enfants pauvres, à
la condition de n'y enseigner et de n'y pratiquer aucun
culte. Peut-on gaspiller ainsi l'argent, lorsque l'intérêt
seul du capital aurait suffi à l'éducation de la jeunesse
pauvre de plusieurs villes de l'Amérique ! A quoi bon
loger dans un palais des enfants pauvres ? Est-ce de la
philanthropie bien entendue ? n'est-ce pas plutôt une
satisfaction déplacée et un sot orgueil ?

A peu de distance du collège Girard se trouve la
fameuse prison cellulaire de *Cherry-Hill* qui a servi de
modèle à toutes les autres. Elle me rappelle l'enceinte
de la tour de Londres : véritable forteresse avec des
murailles de 10 mètres de hauteur, et de 11 acres d'étendue. Des portes de fer en ferment l'entrée ; le surveillant
embrasse d'un seul coup d'œil toutes les cellules. *Cherry-*

Hill se compose de sept ailes, à deux étages avec quatorze galeries pour les détenus. Il y a trois cents cellules à chaque étage, total six cents ; et souvent il y a huit ou neuf cents détenus ; telle est la mesure de la moralité dans la *Pensylvanie*. On ne reprochera pas au système de Cherry-Hill d'engendrer la folie et l'idiotisme; si les détenus veulent se conformer aux prescriptions du règlement, on leur permet le travail des champs, car l'espace ne manque pas.

Les Philadelphins ne se contentèrent point de leur collège en marbre et de leur prison modèle, ils voulurent avoir le plus colossal temple maçonnique du monde. Cet édifice présente une façade en granit, dans le style normand, flanqué de tours massives, très hautes, très solides, véritable château du moyen âge, d'un aspect sombre et terrifiant, ayant coûté plus de 10,000,000. Si vous pénétrez dans ce merveilleux palais, le vertige vous prend, à la vue de ce luxe oriental ! La salle égyptienne surtout est éblouissante. Partout des panneaux emblématiques, des colonnes couronnées de chapiteaux, reproduction exacte des trouvailles faites dans la vallée du Nil, avec des meubles d'ébène dans le même style, des tapisseries noires frangées d'or : le tout est fantastique et vraiment digne d'une société diabolique.

Ils ambitionnent une dernière gloire : un hôtel de ville en marbre ; l'édifice est arrivé au tiers de la hauteur, mais les fonds sont épuisés ; n'aura-t-il pas le sort de la cathédrale de Cologne qui attendit la dernière pierre pendant des siècles. Mais, que Philadelphie se console :

sa gloire, ce sont ses dix mille manufactures, ses cent
cinquante mille ouvriers, ses chantiers, son port, ses
travaux hydrauliques ! Sa gloire, c'est d'être la rivale
de *Manchester*, *Birmingham* et *Shiffield ;* voilà des splendeurs qui contribuent plus au développement d'une ville
que les splendeurs monumentales. C'est la cause du
développement hâtif des cités américaines. La population de Philadelphie doublera-t-elle tous les vingt ans ?
ce n'est pas probable, car l'émigration européenne a pris
son cours vers l'ouest. Philadelphie, New-York, Boston
et Baltimore sont des villes faites, et où toutes les places
sont prises.

Il est reçu en Amérique que les messieurs cèdent leur
place aux dames sans avoir droit au plus petit remercie-
ment. Nous serions blessés en France d'un pareil sans-
gêne. Les Américaines ont bien d'autres privilèges : en
voyage, elles occuperont deux sièges pendant que vous
vous tiendrez debout ; elles vous ordonneront d'ouvrir
la fenêtre qui vous incommode, de la fermer quand vous
étouffez ; de baisser le store, quand vous voulez contempler les beautés du paysage. Il y a cependant beaucoup
de femmes de bon ton et de distinction, que l'on dirait
avoir été élevées dans le meilleur monde européen. Leur
maintien modeste, leur mise simple et de bon goût, leur
langage noble et digne, tout dénote chez elles une origine
aristocratique, car il y a une aristocratie américaine,
comme il y a une aristocratie anglaise.

Si les Anglais sont peu expensifs, les Américains le
sont bien moins encore. Dans les hôtels, dans les rues,

en omnibus, à table, partout ils sont pensifs, silencieux,
paraissant absorbés dans la réflexion, ou méditant des
projets et des spéculations. Dix Américains réunis font
moins de bruit qu'un seul Français. S'ils se connnaissent,
ils causent peu ; s'ils ne se connaissent pas, ils ne
causent pas du tout. S'ils parlent cependant, leur conversation aura plus d'action que celle de l'Anglais. Cette
singularité de caractère provient sans doute des préoc-
cupations d'affaires, car en Amérique tout le monde est
dévoré par la passion de l'argent qui devient un obstacle
au développement des arts, des sciences et de la littérature.

CHAPITRE IV

BALTIMORE

Baltimore offre un charmant paysage entre ces deux
grandes villes. Nous traversons des plaines riches en
cultures, en pâturages et en bois. Quelle luxuriante
végétation! Les arbres sont verts et vigoureux ; les
chênes sont en grand nombre. Nous voici sur l'une des
plus merveilleuses rivières du nouveau-monde, la *Susquehanna*, que nous franchissons en cinq minutes, ce
qui vous donnera une idée de la longueur du pont et de
la largeur des eaux. Ici l'art le dispute à la majesté de
la nature, car rien n'est plus pittoresque que cette

rivière qui se jette dans la magnifique baie de *Chesapeake* dont l'étendue semble un lac immense ; si vous
tournez la tête à gauche, votre vue embrassera de vertes
collines se superposant les unes sur les autres, en un
véritable amphithéâtre, puis au dessous, des îles d'une
végétation exubérante, qui semblent flotter sur les eaux.
Nous apercevons çà et là des lacs argentés, des criques
encadrées de forêts luxuriantes, puis nous arrivons dans
le *Maryland*.

Baltimore, l'une des plus agréables cités des États-
Unis, est située au fond de la baie de Chesapeake,
sur la rivière de *Patapsco*, un nom qui a une certaine
saveur indienne et qui me rappelle tant d'autres merveilles. Elle surpasse New-York et Philadelphie par l'élégance et la régularité de ses constructions, ainsi que
par la propreté de ses rues. Cette ville possède une université, un musée et une bibliothèque ; elle se distingue
encore par son industrie et son commerce. Les manufactures de coton, les verreries, les distilleries et la
construction des vaisseaux sont les principales branches
d'industrie de ses habitants ; construits pour le commerce ou les promenades en mer ces vaisseaux sont
fort élégants.

Ma première visite fut pour *Chesapeake-Bay;* car
c'est dans cette baie que se livra ce combat mémorable
et terrible du *Merrimak* et du *Monitor*. J'admirai ses rives
découpées en une infinité de bras et d'estuaires, aux
formes les plus bizarres, et où je retrouvai les petites tor-
tues de *Madagascar;* c'est aussi le rendez-vous de tous

les chasseurs. Comme sur tous les grands fleuves d'Amérique se croisent une infinité de petits bateaux à voile
que l'on prendrait pour des cygnes prenant leurs ébats
sur ces eaux, éblouissants par la blancheur de leurs
ailes, reflétées par les rayons du soleil. Les grands steamers de *Norfolk* et de *Richemond* y promènent aussi leurs
hauts étages, dont les doubles fenêtres miroitent dans
le cristal des eaux, offrant le spectacle fantastique
d'éblouissants palais de feu.

Baltimore possède une cathédrale catholique dont la
coupole ressemble à celle du Panthéon de Rome. C'est
un assez bel édifice en pierre grise, avec un portique
grec. Au milieu une rotonde, autour de laquelle on lit
cette inscription en style lapidaire: « Ceci est la maison
de Dieu, qui est l'église du Dieu vivant et la pierre
angulaire de la Vérité. » Un prêtre dit la sainte messe ;
dans une galerie supérieure deux sœurs de charité, à la
cornette blanche, surveillent une assemblée de jeunes
filles ; un fauteuil rouge, sous un dais, indique la place
de l'archevêque ; l'assistance est peu nombreuse, mais
recueillie.

Je me dirige vers un autre monument ; c'est une église
méthodiste. Un prédicateur s'y promène avec agitation
derrière son pupitre, traitant avec véhémence la question
des tentations. Un peu plus loin je me trouve devant
une église nègre de la secte des baptistes, avec un avis
au public recommandant de ne pas fumer dans cette
église. Je monte au premier étage : l'office est terminé,
mais la salle est encore remplie d'un auditoire dont la

couleur va du noir d'ébène au brun clair et même au
blanc légèrement bronzé ; les hommes portent des pale-
tots noirs ou gris, des gilets blancs ornés de chaînes
d'or ou de similor ; les femmes ont les yeux vifs, la
physionomie animée et portent des robes de toutes les
couleurs, avec des chapeaux ornés de fleurs. Les nègres
sont admis dans les églises, et ils peuvent envoyer leurs
enfants aux écoles blanches ; mais les préjugés quant
à la couleur sont loin d'être dissipés. La différence entre
les deux races est si grande ! Voyez ces mulâtresses et
ces négresses, dont les traits semblent façonnés à la
hache, comme elles sont gauches et gênées dans leur
maintien à côté des blanches dont la beauté est prover-
biale dans les États-Unis.

J'aperçois un monument qui excite surtout l'enthousiasme des indigènes : c'est le *Washington monument* ;
haute colonne massive en marbre de 150 pieds de hauteur, surmontée d'une statue colossale du fondateur de
la République Américaine. Le panorama dont on jouit du
haut de la colonne est splendide ; vous avez la ville à vos
pieds avec ses mille clochers, ses maisons surmontées
de terrasses métalliques, ses squares, ses avenues,
son port, ses vaisseaux qui resplendissent sous un
horizon sans nuages. Plus populeuse et plus commerçante que la Nouvelle-Orléans, Baltimore est actuelle-
ment la plus prospère de toutes les villes du Sud ; aussi se
décerne-t-elle le titre de New-York du Sud. Elle dépasse
trois cent mille habitants ; c'est la sixième ville de
l'Union ; elle appartient au Sud autant par ses aspirations

que par sa situation ; son ciel est bleu et brûlant ; ses
habitants ont un type méridional très prononcé ; le type
anglo-saxon a presque entièrement disparu ; elle est la
capitale du *Maryland*, et le Maryland, avant la guerre
de sécession, était un état esclavagiste, placé entre les
Etats du Nord et *Washington* ; aussi *Lincoln* était-il
inquiet de savoir pour quel parti se déclarerait le *Maryland*. Il fit arriver les troupes, par *New-York* et *Philadelphie*, jusqu'à *Baltimore*, qui protesta aussitôt en tournant ses armes contre le Nord, ce fut le premier sang
versé dans cette terrible guerre civile qui désola l'Amérique.

Je m'embarque sur l'Hudson, à bord du *Mary-Louvel*,
le plus beau et le plus rapide des steamers, faisant
20 milles à l'heure (la vitesse du plus vigoureux cheval). Jusqu'à *West-Point*, je suis sur les eaux d'un des
fleuves les plus intéressants des *États-Unis*, et par sa
position géographique et par la majesté de ses bords ;
car n'est-ce point une gloire pour lui de baigner
la ville impériale et de former avec elle une union
si intime ? Ce sont ses eaux qui ont porté le premier
bateau à vapeur. A Paris, comme à New-York, *Robert
Fulton*, l'inventeur de la vapeur appliquée aux navires, ne rencontra d'abord que des incrédules et des
détracteurs. Mais *Fulton* ne se découragea pas ; le jour
du succès était proche, et, malgré les imperfections
de la construction de son navire, il remonta de *New-
York* à *Albany* ; ce fut un événement, car la date de 1807
coïncidait avec celle de la découverte du fleuve par

l'infortuné capitaine anglais *Henri Hudson*, deux cents ans auparavant.

L'Hudson passe pour le fleuve le plus pittoresque de l'Amérique du Nord. Bien des touristes le comparent au Rhin. Cependant, j'y trouve une certaine dissemblance ; le manteau de verdure, qui s'étend ici sur les montagnes, fait de l'Hudson un fleuve enchanteur, tandis que la teinte grise et brune, qui enveloppe les sommets dénudés des bords du Rhin, en assombrit et attriste le panorama. Les rives de l'*Hudson* ont un caractère plus grandiose et plus tranchant que celles du fleuve allemand. Otez au Rhin ses vieux châteaux en ruines, il perd l'originalité de son charme. L'*Hudson* n'a point de ruines ni de vieux châteaux, mais il a aussi ses souvenirs historiques, ses légendes et ses traditions illustrées par le génie de *Willis*, de *Fénimore Cooper* et de *Washington Irving*. On y voit encore intacte la délicieuse retraite où vécut et mourut *Irving*, elle porte le nom de *Sunnyside*. A chaque détour du fleuve, l'ombre d'*Hudson* semble vous apparaître. Ici les Indiens attaquèrent son vaisseau ; là s'élevait autrefois le village indien où *Hudson* jeta l'ancre ; voici au milieu du fleuve le banc où s'engréva son vaisseau.

L'*Hudson* emprunte encore une physionomie toute particulière à la navigation qui se fait sur son cours. Après la *Tamise*, je ne connais pas de fleuves plus remués ; le *Saint-Laurent*, le *Mississipi*, ni aucun fleuve d'Amérique ne portent de si beaux navires ; ici se croisent des milliers d'yachts aux blanches voiles déployées comme des ailes de cygnes ; des goélettes passent en tous sens ; des files de bateaux sont traînés par des remorqueurs. Puis les quatre lignes parallèles de voies ferrées sur la rive gauche, où les trains paraissent et disparaissent comme des éclairs, complètent l'animation du fleuve.

Regardez ces belles montagnes, au pied desquelles il coule si majestueusement ; non loin de son embouchure, cette longue succession de rochers basaltiques, nommés palissades ; énorme muraille à pic, dénuée de toute végétation et se prolongeant à plusieurs lieues ; vous diriez une construction régulière, un ouvrage militaire dominant de plus de 600 pieds les flots qui rongent sa base. Levez la tête, et vous apercevrez des forêts immenses formant à ces géants de granit une couronne digne d'eux. Leurs flancs escarpés sont labourés de crevasses profondes, d'où sort une gracieuse cascade qui se déploie sur leur noir granit, comme de la moire éblouissante. J'arrive ensuite sur un beau lac de plusieurs lieues de largeur : c'est le lac *Tappanzée*, ainsi baptisé par des Hollandais, si bien chanté par *Washington Irving*, car il a placé sur ses bords le théâtre de la plupart de ses légendes populaires.

Je quitte le *Tappanzée* pour m'engager dans les *Highlands*. Le fleuve se rétrécit et les montagnes apparaissent si hautes et avec des formes si variées et si imposantes que je cherche en vain un point de comparaison. Le ciel couvert ajoutait à la majesté de ce paysage ; les cimes disparaissaient dans les nuages ; l'architecture n'en semblait que plus complète. C'est là, au milieu de cette grandiose nature, que s'élève l'école militaire de *West-Point.*

Bâtie toute en granit, elle présente le plus bel aspect, le site le plus pur et le plus délicieux ; un fort joli sentier serpentant et contournant les flancs de la montagne vous y conduit. L'école et le plateau sont la propriété du gouvernement fédéral. Aucune autre construction ne peut y être construite sans la permission de l'autorité militaire. Je passe rapidement à travers le manège, le laboratoire, la chapelle, l'observatoire, la bibliothèque, l'hôpital, le réfectoire, la caserne. Comme dans tous les établissements de ce genre on me montre des trophées militaires : voici des canons enlevés aux Mexicains ; des drapeaux et des mortiers pris sur les Anglais. La caserne des Cadets est un imposant bâtiment qui contient cent soixante-seize chambres, avec une grande simplicité d'ameublement, pour accoutumer les élèves à la vie dure et maritime à laquelle ils se destinent.

En choisissant *West-Point,* Washington avait pour but de soustraire les élèves aux séductions de la cité ; hélas ! il n'avait pas prévu les chemins de fer et les bateaux à vapeur. Aujourd'hui *West-Point* est pour les *New-Yorkais* un but d'excursion. Députés, sénateurs, diplomates, princes de la finance ont choisi ce lieu pour leur villégiature ; il est regrettable que ce port ait perdu son cachet sérieux et austère d'autrefois.

CHAPITRE V

WASHINGTON

Aujourd'hui me voilà à 100 lieues de *West-Point;*
j'aperçois déjà l'énorme dôme du capitole, que l'on
prendrait pour celui du Panthéon de Paris ou de Saint-
Paul de Londres; c'est là que s'élève la cité fédérale
qui porte le grand nom de Washington; le siège du gouvernement central y a été transféré en 1801. Cette ville,
située sur les bords du Potomac jouit d'une grande
salubrité ainsi que d'une parfaite convenance. Des émi-
nences graduelles forment de charmantes perspectives
en même temps qu'une pente suffisante pour l'écoulement
des eaux; c'est le plan de Versailles, moins les jardins
et la cour de Louis XIV, tracé par un Français, le major
Lenfant. Les principales artères portent les noms des
trente-huit États. On se perd dans le dédale de ces rues
numérotées d'après le système alphabétique. *Washington*
est une ville fantaisiste, artificielle et sans physionomie.
Elle n'est point, comme *Boston,* un centre intellectuel;
comme *New-York,* un centre commercial; comme *Pitts-
burg,* un centre industriel; mais bien un centre politique,
la capitale d'un grand pays, sans en être la tête. Le
privilège d'être tout à la fois métropole politique, commerciale et sociale n'appartient qu'à Paris et à Londres.

Aux États-Unis, il faut visiter trois villes différentes, pour trouver ces trois points centraux.

Aussi je crains qu'elle ne reste longtemps inachevée; elle restera la ville des grandes distances, comme l'appellent les Américains. En effet, avant de rien commencer, on avait fixé sur le terrain le plus avantageux la position des divers édifices publics, de sorte qu'on rencontre d'immenses espaces de terrains inoccupés qui donnent à la ville un certain air de tristesse mélancolique.

Washington ne le cède guère, en été, aux chaleurs sénégaliennes. Aussi, dès que s'annonce la canicule, tous les habitants s'enfuient de sorte que cette ville avec ses larges rues ressemble à un désert, elle renferme à peine cent mille âmes.

Je me demande quelle fut la pensée du fondateur et quel sera l'avenir de cette capitale, car ce n'est plus le point central des États-Unis comme se le proposait Washington, depuis que vingt-cinq États sont venus se joindre aux treize États primitifs. Ce serait aujourd'hui Kansas situé à 500 lieues de la capitale; mais cette ville est peu importante et sans commerce maritime, puisque son fleuve bourbeux et envasé n'est pas navigable.

Apercevez-vous là-bas cette maison à un étage, n'ayant pour tout ornement qu'un portique supporté par quatre colonnes ioniques. Ses murs peints en blanc lui ont valu la dénomination populaire de *white-house*, maison blanche. C'est le palais du chef de l'État; point de factionnaire, point de drapeau sur l'édifice. Dans cette maison, tout le monde y a ses entrées, les jours de récep-

tion : le valet, le maître, le magistrat, le repris de justice,
le législateur, le blanc, le noir, tous s'y coudoient,
puisque tous sont électeurs...

L'hôtel présidentiel est donc fort simple, mais je n'en
dirai pas autant des bâtiments adjacents pour lesquels
on a déployé un grand luxe d'architecture ; j'admire
l'installation des ministères, les trophées de guerre ; je
pénètre dans le trésor où j'aperçois des femmes comptant
des banknotes, les mettant en liasses après avoir mis à
part les billets usés ou déchirés, et cela avec une rapidité
et une dextérité surprenantes. Je jette un coup d'œil sur
une cave aux murailles de fer et d'acier, c'est la *Gold-
Room*, la chambre de l'or, où dorment dix millions de
souverains en or monnayé.

Les monuments de Washington, comme en Angleterre,
sont une copie de ceux de Corinthe et d'Athènes. Mais
cette capitale l'emporte sous ce rapport sur toutes les
autres villes, car le nombre des colonnes doriques,
ioniques et corinthiennes est incalculable. Vous voyez
ici plus de chapiteaux classiques que n'en eurent jamais
tous les monuments réunis de l'Attique sur les bords du
Potomac. Vous trouverez tous les temples de la Grèce :
Ici, le temple de Minerve, là celui de Thésée ; un peu
plus loin le Parthenon, et ces édifices s'appellent : le trésor, le bureau des postes, le bureau des brevets. Ce
dernier est le plus curieux ; il contient une collection de
modèles de toutes les machines brevetées dont le nombre
dépasse cent vingt mille. Voilà du génie inventif, du progrès ! mais que dire de la presse de *Benjamin Francklin*,

de l'habit, du sabre et de la batterie de cuisine de
Washington.

Voici la merveille des Américains : certainement, par
sa position sur le plateau qui donne un ravissant panorama, par ses dimensions imposantes, par son architecture sévère et grandiose, le *Capitole* occupe une place
marquée parmi les plus splendides monuments du monde ;
mais est-il le plus beau, comme le prétendent les Américains ? Oui, pour ceux qui n'ont vu ni le Louvre, ni
Saint-Pierre de Rome? ; comme palais parlementaire ils
se rapprocheraient peut-être de la vérité ; mais les Anglais
seraient-ils de leur avis ! J'en doute, et ils auraient raison.

La conception est grandiose, mais il n'y a pas d'unité.
Cela vient de ce que l'édifice n'a pas été conçu d'un
seul jet ; le bâtiment central, auquel on a attaché des ailes
trop volumineuses, représente la pièce monumentale ; ces
ailes rompent l'harmonie et l'unité. La façade de l'ancien
capitole, ornée d'un portique à colonnes corinthiennes, est
d'un style noble et sévère ; mais l'Espérance et la Justice,
qui représentent le génie de l'Amérique, font maigre et
mesquine figure sur le tympan. Le dôme s'élève à une
telle hauteur qu'il écrase le vaste monument. Construit
en fer il dépasse en hauteur le Panthéon de Paris et ne
pèse pas moins de 10,000,000 de livres. La Liberté, statue colossale, debout sur le dôme déploie la devise
des États-Unis : *E pluribus unum.* Les premiers rayons
de l'aurore illuminent, chaque matin, cette statue, et le
soir les feux de sa lanterne s'aperçoivent de fort loin.

La porte du palais, œuvre d'un Américain, Randolph Rogers, est en bronze, elle rappelle celle du baptistère de Florence. Une pareille œuvre suffit pour faire la gloire d'un sculpteur. Huit panneaux retracent l'histoire de la découverte de l'Amérique par Christophe Colomb. La scène qui représente la mort de l'intrépide navigateur est d'un effet superbe, mais on ne peut en dire autant des peintures qui décorent la célèbre rotonde au centre de l'édifice et représentent les divers épisodes de l'histoire de l'Amérique.

Le capitole est le lieu où siège le Sénat et où le Congrès tient ses séances ; ils occupent les deux ailes ; la cour suprême est installée dans l'ancienne salle du Sénat. Les magistrats de cette cour sont les seuls qui portent la robe noire ; elle se compose d'un chief-justice et de huit juges nommés à vie, ou jusqu'à ce qu'ils cessent de plaire ; nommés par le Président, ils sont révocables par lui. Les juges des autres cours de l'État sont élus par le peuple ; ce système judiciaire entraîne une effroyable corruption !

La salle du Sénat n'offre rien de particulier, avec ses soixante-quatorze sièges en hémicycle. La chambre des représentants est la plus belle salle du capitole ; sept rangées de pupitres, disposés en fer à cheval, présentent un agréable coup d'œil. Les sièges sont mobiles ; les représentants en profitent pour tourner à l'occasion le dos au président ou à l'orateur, pour prendre des poses à l'américaine, c'est-à-dire avec le sans-gêne qui caractérise ce peuple ; les uns reposent nonchalamment les deux pieds sur le pupitre de son voisin, les autres s'enveloppent la tête dans un journal pour se livrer aux douceurs du sommeil, et c'est devant un semblable auditoire que se traitent les plus graves intérêts du pays.

CHAPITRE VI

LES CHUTES DU NIAGARA

Je quitte sans regret *Washington* et la *Colombie*, où j'avais retrouvé les chaleurs torrides de Bourbon. Il me restait encore un long voyage à exécuter, car je ne pouvais quitter l'Amérique sans aller contempler la merveille de ce grand pays, les chutes du Niagara, distantes de 600 kilomètres, soit seize heures de chemin de fer ! Pour un Européen c'est un joli trajet; pour le Yankee c'est une promenade ; un voyage, pour lui, c'est le trajet de *New-York* à *San-Francisco*, qui représente sept jours et sept nuits en chemin de fer. Mais il faut reconnaître que l'aménagement ne laisse rien à désirer ; vous pouvez circuler d'une voiture à l'autre, vous promener le long des galeries, prendre le frais sur la plateforme, jouir des sites et des panoramas les plus saisissants, et puis la traction des voitures est plus douce que celle de nos wagons; cela provient sans doute du volume et du poids des cars américains. Il n'y a pas deux ou trois classes de voitures comme chez nous ; mais

sous ce rapport la démocratie est encore à l'état théo-
rique, car tous les wagons de l'avant ne renferment que
des noirs, tandis que les wagons Pullman et Wagner
sont réservés à ceux qui peuvent se permettre le luxe
des salons, des sofas, des fauteuils ou des glaces, des
sleeping-car (wagons-dortoirs), et dining-car (wagons-
restaurants) ; les sleeping-car servent pendant le jour de
salons de conversation. Aussitôt la nuit venue, ils sont
métamorphosés en dortoirs, avec couchettes, matelas,
draps blancs, couvertures, etc. Pesez sur un ressort,
et vous avez au-dessus de vous une autre galerie de
couchettes. A peine êtes-vous éveillé, qu'un nègre vient
vous prier de passer au sleeping-car ou au dining-car,
où une table d'hôte bien servie vous attend ; moyennant
un dollar payé à l'office, vous avez un dîner très confortable. Le repas terminé, vous passez au salon de conversation où vous trouvez journaux et brochures. Nous ne
savons pas voyager de la sorte en Europe. Le commerce de la librairie se fait en chemin de fer sur une
grande échelle, car l'Américain passe une moitié de sa
vie en voyage, et l'autre en lecture. Les romans de
Walter-Scott, Dickens, Thackeray, Bulwer-Litton ont ses
préférences ; la bible est bien là, mais elle dort, car la
religion, comme je l'ai déjà dit, n'est qu'à la surface.

On prétend que les accidents de chemin de fer sont
plus fréquents en Amérique qu'en Europe, c'est une
erreur. Si vous tenez compte du nombre considérable
des voies ferrées, les États-Unis, avec 38,000,000 d'habitants, ont autant de *rails-way* que l'Europe entière, avec

300,000,000. D'abord les wagons américains sont plus
solidement construits que les nôtres; leurs parois n'ont
pas moins de 10 centimètres d'épaisseur ; chaque voiture
est munie de barres prismatiques qui font saillie à l'avant,
comme à l'arrière, et s'engagent sous le tablier de la voiture voisine, de manière que les wagons, comme rivés
les uns aux autres, ne peuvent, en cas de rencontre, monter les uns sur les autres. Ensuite les voitures sont atte-
lées par le système *Miller-coupler* qui permet de les
dételer instantanément pendant la marche des trains. On
a adopté aussi les freins *Westinghouse*, dont voici la description : sous les wagons sont fixés des cylindres à air
comprimé, qui communiquent entre eux, au moyen de
tuyaux en caoutchouc ; un cylindre de plus grande
dimension est fixé à la locomotive ou au *tender*, et le
machiniste peut, en appuyant la main sur un levier, faire
agir cette force dans toute l'étendue du convoi et arrêter,
en moins de deux minutes, un train lancé à toute vapeur.
Enfin, en prévision des courbes, les voitures sont portées
sur deux traîneaux pivotants, qui reposent eux-mêmes
tantôt sur deux, tantôt sur trois paires de roues ; si l'une
de ces roues vient à se briser pendant le trajet, les voyageurs ne s'en douteront même pas.

Les *rails-way* américains n'ont pas la vitesse des
nôtres, parce que leurs voitures sont plus massives et
plus lourdes. Cette sage lenteur, est une garantie
de sécurité ; les exprès ne font guère que 30 milles
à l'heure. Les locomotives diffèrent aussi des nôtres par
leur construction; les cheminées sont munies d'un appa-

reil qui reçoit les étincelles, et fait éviter ainsi les incendies des forêts et des prairies ; elles portent aussi en avant une énorme lanterne réflecteur et un chasse-vaches ; rien de plus utile, car bien souvent les bœufs se répandent sur les voies et s'y promènent, sans être effrayés des coups de sifflet du machiniste, qui stoppe souvent pendant le jour ; mais pendant la nuit les choses se passent autrement, car les cadavres des victimes sont là pour attester la preuve de ce que j'avance.

Je voyage sur le *rail-way de l'Erié* ; je traverse les pittoresques vallées de la *Delaware* et de la *Susquehanna*; les courbes sont tellement prononcées que les voyageurs des dernières voitures aperçoivent la locomotive sans mettre la tête en dehors des portières. Nous montons jusqu'à ce que nous atteignions le village de *Sucamit*, point où se partagent les deux vallées, à 1,366 pieds au-dessus du niveau de la mer. Nous suivons de très près le cours des deux rivières, encaissées par de hautes collines, couvertes de bois ; puis çà et là quelques petites maisons blanches se montrent à travers des éclaircies. Je contemple avec délices de charmants paysages ; je traverse *Buffalo*, le grand entrepôt du Lac *Erié*; une demi-heure plus tard j'arrive aux célèbres *Niagara-Falls* ou Chutes du Niagara.

En face d'un si émouvant spectacle, je sens le besoin de me recueillir et de garder le silence ; aussi j'emprunterai la plume de Chateaubriand, un des plus grands peintres de la nature :

« Nous arrivâmes bientôt, dit-il, au bord de la cata-

racte, qui s'annonçait par d'affreux mugissements. Elle
est formée par la rivière Niagara, qui sort du lac Erié et
se jette dans le lac *Ontario*. Sa hauteur perpendiculaire
est de 144 pieds depuis le lac Erié jusqu'au Sault, le
fleuve accourt par une pente rapide, et, au moment de
.a chute, c'est moins un fleuve qu'une mer, dont les tor-
rents se pressent à la bouche béante d'un gouffre. La
cataracte se divise en deux branches, et se courbe en
fer à cheval. Entre les deux chutes, s'avance une île
creusée en dessous, qui pend, avec tous ses arbres,
sur le chaos des ondes. La masse du fleuve, qui
se précipite au midi, s'arrondit en un vaste cylindre,
puis se décroche, déroule en nappe de neige, brille au
soleil de toutes les couleurs. Celle qui tombe au levant
descend dans une ombre effrayante: on dirait une colonne
d'eau du déluge. Mille arcs-en-ciel se courbent et se
croisent sur l'abîme. Frappant le roc ébranlé, l'eau
rejaillit en tourbillons d'écume, qui s'élèvent au-dessus
des forêts, comme les fumées d'un vaste embrasement.
Des pins, des noyers sauvages, des rochers, taillés en
forme de fantômes, décorent la scène. Des aigles, entraî-
nés par le courant d'air, descendent en tournoyant, au
fond du gouffre; et des sapajous se suspendent par
leurs queues flexibles au bout d'une branche abaissée,
pour saisir dans l'abîme les cadavres brisés des élans et
des ours. »

Beau et sublime langage, qui poétise l'une des plus
grandes merveilles du monde ! Cependant d'un seul
mot les Indiens nous donnent une idée du Niagara ; ils

l'appellent : *Tonnerre des eaux*. C'est une expression
exacte, car, quand on se trouve au pied de ces chutes, on
pense aussitôt au déluge ; on se demande si ce n'est pas
le ciel qui se fond tout en eau pour se précipiter dans
d'affreux abîmes. A l'époque de Chateaubriand on pouvait avoir cette idée, car tout était encore à l'état sauvage. Vous vous souvenez du péril que courut notre
poète imprudent, pour avoir voulu contempler ces
chutes du fond de l'abîme ; aujourd'hui la topographie
des lieux est complètement changée ; un chemin de fer
vous descend dans l'abîme et vous ramène. Pour mieux
jouir de ce grand spectacle, vous avez le choix entre l'île
de la chèvre, *Whirlpool*, les rapides, la grotte des vents,
le *Prospect-Park*, ou le *Table Rock*.

Débutons par le *Whirlpool* ou tourbillon. Nous traversons le pont suspendu, qui est lui-même une merveille ;
il est installé au-dessus des rapides inférieurs de la rivière
Niagara unissant les eaux du lac *Erié* à celles du lac
Ontario, et formant elle-même la grande cataracte. Rien
n'est entreprenant comme le génie américain ! unir deux
continents, le Canada aux États-Unis par un pont en fil
de fer, et cela à des hauteurs à perte de vue leur
paraît un travail ordinaire. Jugez-en : pour passer le premier fil métallique, il a fallu employer un cerf-volant ;
fixer à une petite poulie, blotti dans un panier, un intrépide Yankee qui se laissa glisser le long du fil, et, à
mi-chemin de son voyage aérien, un cabestan l'attira
sur la rive opposée ; on a conservé à titre de curiosité
le panier légendaire. Depuis cette époque plus de cin-

quante trains passent tous les jours sur cette toile d'arai-
gnée tissée à 70 mètres au-dessus d'un fleuve large de
plus de 150 mètres. Pendant que je me trouve sur le
pont, deux trains passent successivement au-dessus de
ma tête, sur le tablier supérieur ; tout mugit, tout craque,
le tablier se met à vaciller, comme si l'édifice allait s'effondrer dans l'abîme. Une fois sur la rive canadienne, je
vais droit au *Whirlpool*. Rien de plus sévère et de plus
grandiose que ces deux énormes murailles à pic de
200 pieds d'élévation ; les eaux comprimées, resserrées
entre ces barrières infranchissables, font entendre d'affreux tonnerres et d'horribles mugissements ; elles se
précipitent en multiples cascades et forment, au milieu
de la rivière, une tourmente effroyable dont les flots jail-
lissent à des hauteurs incroyables. A quelques pas plus
loin, j'aperçois le tourbillon, c'est-à-dire un immense
entonnoir de forme circulaire, d'où s'échappe le Niagara ;
ses eaux s'y engouffrent, en grondant, et reviennent sur
elles-mêmes. C'est au centre de cet entonnoir que se produit ce vertigineux tourbillon.

Voyez-vous cet escalier de trois cent vingt-cinq marches ;
descendons-le, il nous conduira au fond de l'abîme. Là
croissent de belles fougères ainsi que des plantes soli-
taires ennemies du soleil. Les eaux sont vertes comme
des émeraudes ; elles bondissent, se ruent les unes contre
les autres, font entendre de formidables mugissements
et soulèvent des montagnes d'écume et de vapeur, puis
elles viennent se briser impuissantes contre les rochers
qu'elles voudraient escalader. Je vis la mer en fureur ;

Chutes du Niagara.

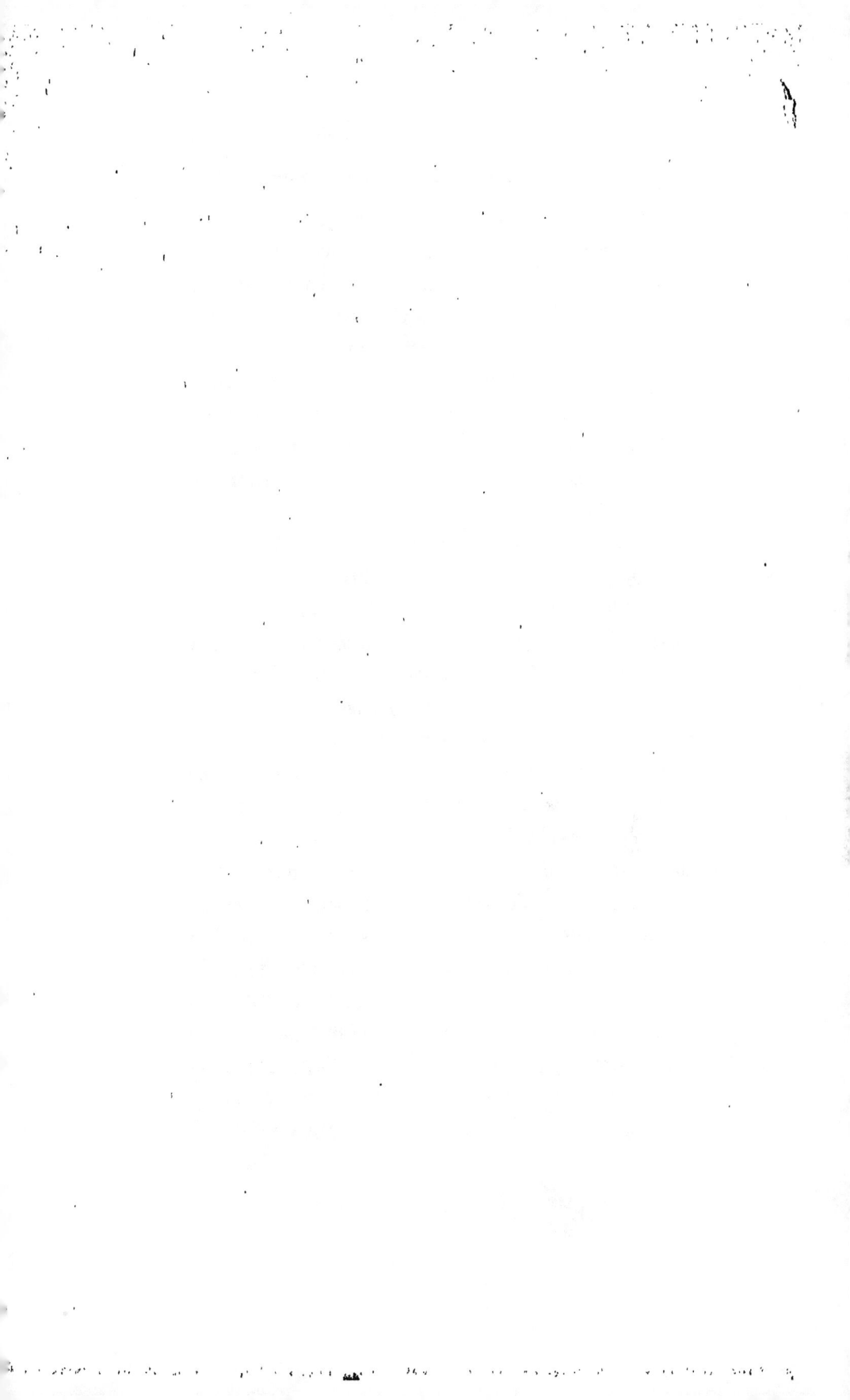

mais ici ce sont des flots courroucés qui se poursuivent
avec une rapidité vertigineuse, sans pouvoir s'atteindre,
redoublant leur rage, centuplant leur course et leurs
mugissements. Cette première vue des chutes vaut bien
la peine de descendre trois cent vingt-cinq marches surtout quand on met trente secondes pour les remonter en
chemin de fer. Quant à moi j'aurais préféré arriver au
fond de l'abîme, en m'accrochant aux racines et aux
rochers, et contempler ainsi ces sublimes horreurs au
milieu de ces lieux sauvages.

La Niagara se compose de deux chutes bien distinctes,
séparées par une grande île boisée, l'Ile de la Chèvre. La
plus petite des chutes, c'est l'*american fall*, chute américaine ; la plus grande, c'est *horse shoc fall*, chute du
Fer à Cheval, chute canadienne; la première que je
domine du haut du parapet de *Prospect Park* me permet
de contempler ses eaux qui grondent sous mes pieds et
de voir les rapides accourir en bouillonnant au-dessus
d'elles. Quelle affreuse tourmente, dont aucune description ne peut rendre la beauté et la grandeur! Après avoir
été pendant 4 kilomètres agitée comme les flots de la mer
par les rapides, l'énorme masse d'eau, que déversent
quatre grands lacs et leurs tributaires, arrive à un
rocher abrupt du haut duquel elle se précipite en formant une chute de 200 pieds d'élévation. La vitesse de
la chute, les eaux qui bondissent en s'élevant en vagues
énormes et bouillonnantes, les amas d'écume que produit la cataracte, les immenses nuages de vapeur qui
s'élèvent dans les airs avec un effroyable fracas, les

teintes variées et éclatantes que revêtent ces nuages, les splendeurs magiques des sept couleurs du prisme qui forment de nombreux arcs-en-ciel, les bords élevés du fleuve, les bois immenses qui les couronnent, tout cet ensemble forme un effet merveilleux qui n'a point de rival dans le monde.

Après avoir dominé la chute, je pris comme à *Whirl-pool* le chemin de fer incliné pour me transporter au pied du torrent. Là encore, quel saisissant spectacle ! Ce n'est point un fleuve qui se précipite, c'est une trombe qui tombe du ciel, sans interruption. Le vent en emporte quelquefois les nuages légers, formés par leur blanche écume, et poussés à tous les coins de l'espace. Le bruit de la cataracte ressemble à celui que produit la décharge de l'artillerie la plus formidable ; on l'entend à une distance de 12 lieues environ. Insatiable d'émotions, mouillé de la tête aux pieds, les oreilles assourdies, les yeux éblouis, je me jette dans une barque voisine que les flots soulèvent comme une plume, et grâce à l'habileté du pilote pour éviter les rapides de *Whirlpool*, j'accoste à la rive canadienne.

Un chemin en zigzag me conduit sur le sommet des rochers, qui couronnent le fleuve ; du haut de la terrasse de Clifton, j'embrasse, dans leur grandiose ensemble, le côté du Canada et celui des États-Unis ; les deux chutes réunies forment une nappe de près de 2 kilomètres d'étendue ; ce spectacle vaut à lui seul la traversée de l'Océan... Le panorama du grand désert et du grand Océan, contemplé des hauteurs de *Table-Bay*, me fit tomber à genoux devant l'immensité de Dieu ; les splendeurs du ciel des Indes et des richesses du sol me firent chanter des hymnes à la gloire du Créateur ; les montagnes des Pyrénées et des Alpes provoquèrent jadis mon enthousiasme ; mais, en face du tableau que j'avais sous les yeux, je restai anéanti.

J'allai m'installer sur *Table Roch,* afin de juger à quelle chute je devais donner la préférence, car Canadiens et Américains se la disputent ; je dois avouer que le Canada a la meilleure part. En effet, qu'est la chute américaine auprès de la chute du Croissant ou du Fer à Cheval appelé ainsi à cause de sa forme semi-circulaire, et trois ou quatre fois plus large. Ici la majesté s'unit à la grâce ; rien de plus élégant que cette courbe de trois quarts de mille, rien de plus formidable que le grondement de ces eaux tombant de 160 pieds de haut, dont la vapeur, comme un immense panache blanc planant éternellement au-dessus de la chute, forme comme un nuage d'encens montant vers le ciel à la gloire du Très-Haut. Dans cet immense fer à cheval s'abîment, chaque année, des quilles de navires naufragés, des carcasses d'ours ou de buffles, d'énormes quartiers de rochers et parfois même des parties de montagnes qui s'y écroulent avec d'effroyables fracas.

Je voulus descendre encore avec un guide, par un sentier sinueux jusqu'au fond de cet Averne. C'est une des scènes qui revient le plus souvent à ma mémoire. Plus rapides que les avalanches qui tombent en tourbillonnant, du sommet des Alpes, les eaux s'élançaient en jets

effrayants pour s'effondrer dans le gouffre béant. Tout
tremble et chancelle autour de moi, c'est le désordre, le
cahot : tout mugit, tout fume, tout bouillonne. Je reste
cloué au rocher, mes yeux sont fascinés, éblouis de cette
pluie d'or, de feu et de diamants, j'avais peine à
reprendre mes sens, car ce n'est pas sans danger que
l'on s'aventure sous les chutes. Que de personnes ont
été frappées de surdité ! Combien d'autres y ont trouvé la
mort sous des fragments de rochers ! Combien de victimes
ont été entraînées dans le gouffre par un faux pas ! A mon
retour sur la rive canadienne, j'admirais les rapides qui
accourent écumants au-dessus de la chûte ; la vitesse
vertigineuse de leur course est de 30 milles à l'heure
sur leur lit incliné. Éloignez-vous dans la forêt à quelques
kilomètres, et vous n'entendez plus que des sons con-
fus, bientôt même c'est un silence complet. L'acoustique
dépend de l'état atmosphérique et de la direction des
vents, puisque vous entendez quelquefois de *Toronto*, à
20 lieues de distance, le mugissement de la cataracte. Un
Yankee a calculé que la masse d'eau qui se précipite du
Fer-à-Cheval est de 100,000,000 de tonnes par heure ;
la force représentée par cette chute seule est de seize
millions huit cent mille chevaux, force qui, si elle devait
être produite par la vapeur, nécessiterait une consommation de 200,000,000 de tonnes de houille par an. Si
l'on remarque, dit toujours le Yankee, que la production
du charbon, en 1874, a été un peu au-dessous de
275,000,000 de tonnes, on trouvera que la chute du
Fer-à-Cheval serait assez puissante pour faire marcher,

à elle seule, toutes les usines, toutes les locomotives et tous les wagons du monde.

Je fis ensuite une promenade dans l'Ile de la Chèvre, île charmante, assise entre les deux chutes ; mais quel terrible voisinage ! On cherchera sans doute un jour l'Ile de la Chèvre dans les eaux de l'abîme. Elle possédait jadis 250 acres, aujourd'hui il en reste à peine 60. J'en fis le tour, et à chaque pas je m'arrêtai devant de nouvelles merveilles ; une d'elles, c'est le coup d'œil, peut-être plus magique encore, que présente pendant l'hiver la cataracte du Niagara, lorsque les eaux, malgré leur effroyable agitation, ressentent l'influence des gelées : alors d'énormes colonnes de glace s'élèvent du fond du précipice, tandis que d'autres parties pendent d'en haut comme autant de stalactites formant mille palais étincelants ; c'est alors la merveille des merveilles.

Bénissant la Providence d'avoir conduit ici mes pas, je suis trop près du lac Ontario pour ne point faire une promenade sur ses bords. Il porte bien son nom, ses eaux sont belles et tranquilles, c'est une mer aux perspectives illimitées, aux rives plates et uniformes, comme sont tous les lacs du Canada et des États-Unis. Ce lac est remarquable par sa profondeur, 1,100 pieds environ. L'Ontario se dégorge par le lac charmant de *Mille Iles* (qui sont en réalité au nombre de 602) dans le fleuve Saint-Laurent proprement dit.

CHAPITRE VII

RETOUR A NEW-YORK

Comme il fallait borner mes excursions de touriste, je repris un billet pour New-York, désirant jeter un dernier coup d'œil sur cette grande cité avant de m'embarquer pour la France.

Ce n'est pas sans raison que les Américains l'appellent la ville impériale. New-York est la métropole d'un colossal empire ; venant après Londres et Paris, ses grandes et larges artères sont bordées de splendides édifices en granit ou en marbre qui me rappellent le Strand ou la rue de Rivoli. Ce rapide et extraordinaire progrès ne vient-il pas de ce que ceux qui y font leur fortune s'y fixent définitivement, car, si New-York n'a pas la gaieté des villes françaises, elle n'a pas non plus l'aspect morose et triste de la métropole britannique.

Le Park-Central, dont je n'ai pas encore parlé, est splendide. Comme son nom l'indique, le parc occupe le centre de la ville ; ses mystérieuses allées sont pleines d'ombre et de fraîcheur ; on se croirait à 100 lieues de la grande ville. Dans les fourrés, des paons jettent leurs cris sauvages ; sur les arbres, chantent et gazouillent de charmants oiseaux ; à chaque pas des clairières, des lacs, des cascades, des ponts rustiques, et çà et là de petites montagnes. La limpide rivière *Crotm,* qui fournit

de l'eau à toute la ville, forme, au centre, deux vastes
réservoirs dont le principal représente une étendue de
200 acres, tandis que le parc mesure 850 acres de superficie. Il a fallu 60 millions pour fertiliser ce terrain qui,
il y a vingt ans à peine, était un désert aride et maréca-
geux. Quand on y eût transporté la terre végétale nécessaire, on planta 260,000 arbres ou arbustes. Aussi le
parc est le rendez-vous de l'aristocratie et des plus brillants équipages.

Je terminerai par la description de la cinquième avenue, qui représente les Champs-Élysées à Paris ; là
sont les palais de la noblesse yankee, mais sans parche-
min. Les véritables nababs, portés sur les ailes de la
Fortune, qui ont entassé dollars sur dollars, se séparent
alors des vilains qui n'ont pas réussi ; ils ont voulu avoir
leur Chaussée-d'Antin. Leurs palais dans la cinquième
avenue, qui n'a pas moins de 10 kilomètres de longueur,
représentent les uns 1 million, les autres 10 millions,
comme celui de M. Stewart, le célèbre marchand de
nouveautés.

L'un de ces nababs est l'inventeur d'un tire-bottes per-
fectionné ; celui-ci a imaginé un nouveau genre d'agrafes
pour corsets ou de boutons pour pantalons ; celui-là,
dont on ne compte plus les millions, a découvert un
élixir quelconque. Bêtise humaine : voilà pourtant la
source de la grandeur et de l'opulence des hommes de
la cinquième avenue, tandis que les sciences et les arts
ne conduisent ici personne à la fortune. On ne connaît
que l'homme du dollar ; le commerce, l'industrie sont les

seules professions honorées. Ne parlez pas à un Américain d'un grand artiste ou d'un grand poète, sinon il vous demandera de suite combien il vaut. A New-York, un homme qui possède 100,000 dollars vaut 100,000 dollars; fussiez-vous un homme de génie sans dollars, vous n'auriez pas plus de valeur à ses yeux que le premier chiffonnier venu.

Je dois dire, toutefois, à la louange des Américains, que, s'ils perdent leur fortune dans une opération commerciale, ils se livrent sans découragement à de nouvelles entreprises; ils savent aussi faire un très bon usage de leurs richesses. Je ne connais pas de ville plus bienfaisante; il est dans les usages de laisser une partie de sa fortune dans la ville où on l'a amassée. Les églises sont en très grand nombre et ajoutent encore à la magnificence architecturale de la cinquième avenue. En Amérique, la religion est une affaire de forme et de convenance; il est de bon ton de professer un culte; aussi il y a des cultes aristocratiques pour les classes riches; des cultes démocratiques pour les classes populaires; des églises pour les pauvres, des églises pour les noirs.

CHAPITRE VIII

A BORD DU *Canada*

Avant de rentrer à l'hôtel, j'allai prendre l'heure du départ du steamer. Il me fallait être debout à cinq heures

du matin, car le jour d'un embarquement est toujours
besogneux et solennel. J'allai faire connaissance avec
ma cabine et y déposer mes malles ; mais je n'eus pas la
bonne fortune de rencontrer un compatriote parmi les
passagers.

Le *Canada* était un navire très confortable sous tous
les rapports, avec une installation toute anglaise, une
véritable ville flottante ; ses hélices frémissaient déjà
dans les eaux de l'Hudson, sa fière stature oscillait et se
balançait avec une imposante majesté ; la foule, toujours
avide de ces grandes scènes de départ, inondait les quais.
Je courus faire mes derniers achats, et, au premier coup
de cloche, j'étais sur le pont.

Les parents, les amis s'envoyaient des baisers, se donnaient des signes sympathiques. Moi, soucieux et profondément ému, je contemplais une dernière fois cette
grande et belle terre d'Amérique, qui m'apparaissait
comme un immense et splendide panorama gardée aux
deux extrémités par notre chevaleresque France, puisqu'elle protège au nord les bouches du Saint-Laurent, et
au sud celles du Mississipi. Fille aînée de l'Église, elle
plantait la croix de Jésus-Christ sur les glaces et les
neiges du Canada ; et, au lieu d'exterminer les sauvages,
elle les assemblait autour de la croix et leur apprenait
que Dieu est leur père, et l'Église leur mère. Au pays
de saint Louis, le nègre était traité en enfant de Dieu,
et, aujourd'hui encore, le Canada et la Louisiane font
la gloire et la consolation de l'Église. Tandis qu'au
centre les puritains d'Écosse, qui vinrent camper à

Boston, s'étendirent au cœur de l'Amérique comme une tache d'huile; la mère patrie s'ombragea bientôt des richesses et de la puissance de sa fille ; c'est alors que le cupide *John Bull* s'en empara. Il s'attaqua d'abord aux extrémités, nous délogea du Canada et de la Louisiane; mais, quand il revint au Centre, il rencontra une jeune et vigoureuse armée, conduite par des chefs enthousiastes, bien décidés à mourir *pro aris et focis*. C'est alors que fut proclamée l'indépendance de l'Amérique ; l'Angleterre ne garda que nos possessions du nord. Aussi j'envoyai un bien triste adieu à cette riche terre du Canada. Pendant que mes regards s'attachaient encore à ces forêts insondables, à ces grands lacs, à ces savanes qui n'ont de bornes que les montagnes rocheuses et les eaux du Pacifique, je me prenais à rêver et je me demandais quelle était la destinée que Dieu réservait à cette grande nation.

La cloche du bord qui sonnait bruyamment le départ me tira de ma rêverie. Un étourdissant *hourra* retentit sur les eaux et sur les rives de l'Hudson des milliers de bras s'agitent dans les airs : c'est pour beaucoup l'adieu éternel ! Mes impressions devenaient plus vives car j'avais reçu une noble hospitalité dans ce pays. Quelques larmes humectèrent mes paupières que sècheront bientôt les joies de la patrie absente. Notre steamer a déjà franchi les eaux du grand fleuve ; les spectateurs intéressés à notre départ ne nous apparaissent plus que comme d'imperceptibles pygmées. La ville impériale s'abaisse et se plonge dans les flots ; les plus hauts sommets couronnés de leurs grands arbres nous apparaissent à peine. Devant nous s'ouvrent les incommensurables horizons du grand Océan. *Le Canada* dévore les espaces, semblant broyer tous les obstacles ; il n'en est pas de même de nous car en quelques heures notre beau bâtiment s'est changé en un vaste hôpital. Quant à moi je ne repris mes forces qu'en vue d'Halifax, où nous fîmes escale pour prendre la malle. Dix jours après nous étions en vue des côtes d'Angleterre.

Nous débarquâmes à Liverpool, je fis une dernière promenade sur les quais en attendant le départ de l'express pour Londres.

Je quittai Liverpool à dix heures, et, à trois heures, j'étais en gare à Londres ; je retrouvai dans cette grande capitale la charmante hospitalité que j'avais reçue au départ : l'aimable M. Tourzel, m'accueillit non comme un ami, mais comme un frère. Je revis avec le même enthousiasme ses parcs, ses cathédrales, son parlement, ses palais et ses ponts, et le surlendemain je pris le train pour Folkestone, où je fus obligé de coucher pour attendre le départ du paquebot pour Boulogne. Cette petite ville me parut bien plus importante et plus belle qu'à mon premier passage. Mais, quelque coquette que je retrouvai cette ville, je m'en éloignai, sans regret, car à un cœur bien né la patrie est toujours plus chère, et il me tardait d'apercevoir les côtes de France !

A peine cria-t-on : Terre ! que je fus vite hors du paquebot. La douane ne me retint pas longtemps car j'aperçus parmi ses officiers un de mes bons amis d'enfance qui ne me reconnaissait pas ; je me jetai dans ses bras, et quelques instants après il expédiait rapidement mes bagages. Je dînai, et passai la soirée dans cette charmante famille.

Le lendemain je partis pour Abbeville, attendant mon frère qui devait me ramener encore une fois au foyer paternel. J'y retrouvai encore ma vielle mère de quatre-vingts ans. « Quel bonheur, me dit-elle, de te revoir avant de mourir ; j'espère bien que c'est ton dernier voyage, — « Oui, chère mère, lui répondis-je, mon dernier au long cours. »

TABLE DES MATIÈRES

Tours, imp. Deslis Frères.

9 7 8 2 0 1 9 1 8 7 5 1 4